葉っぱはなぜこんな形なのか？

植物の生きる戦略と森の生態系を考える

文・写真／**林 将之**（樹木図鑑作家）

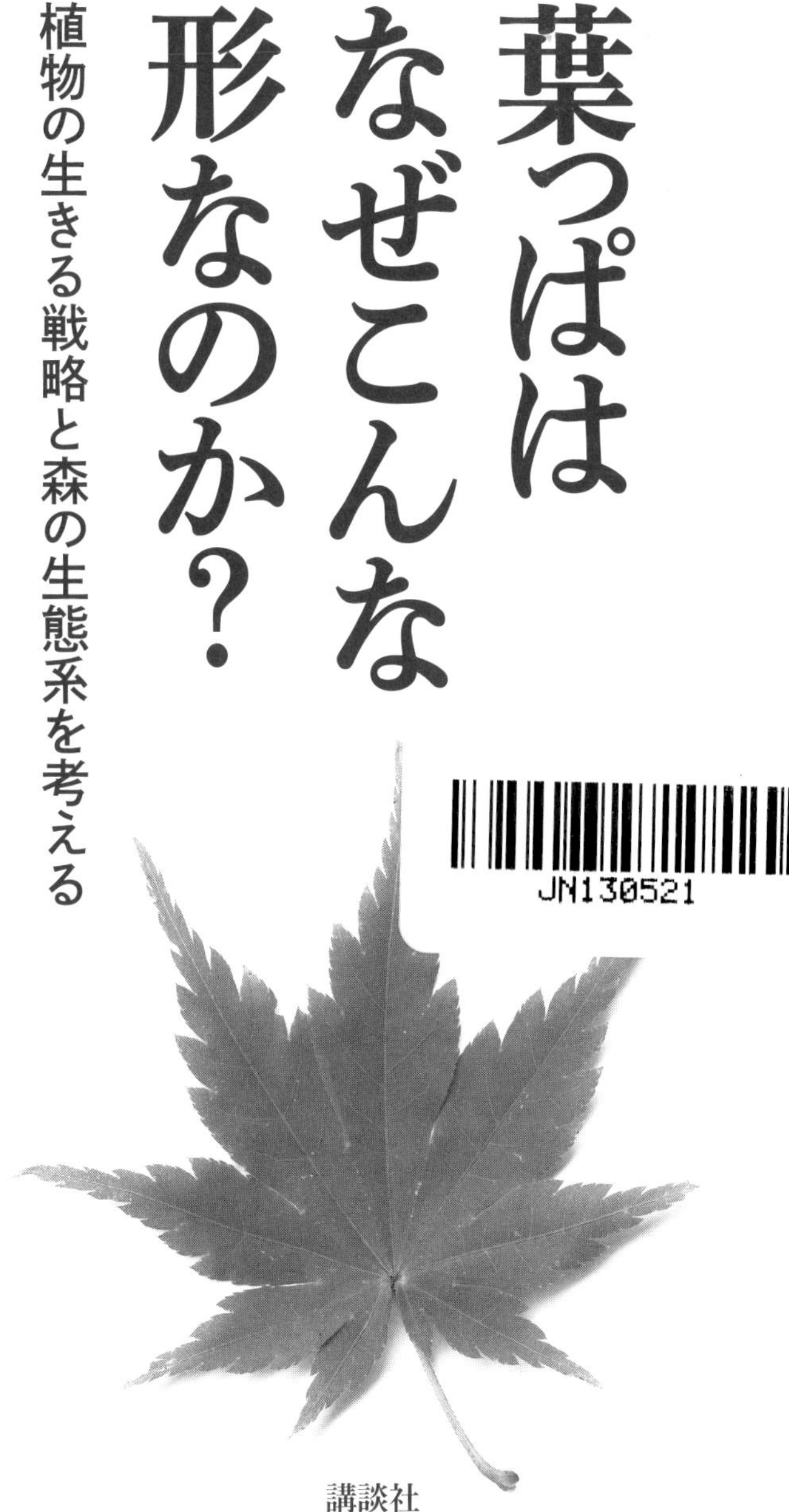

ヤマモミジ（実寸大）

講談社

はじめに

モミジの葉の形は、誰でも知っている。

では、なぜ、モミジの葉っぱには切れ込みがあるのだろう？
なぜ、モミジの葉っぱのふちには細かいギザギザがあるのだろう？
なぜ、モミジはきれいに紅葉するのだろう？

モミジを生まれて初めて見たら、まず最初に抱くであろう初歩的な疑問である。けれども、図鑑や教科書を引いても、その答えはなかなか書かれていない。実は、科学的にも未だに解明されていなかったりする。ならば、実物をよく観察して、考えてみよう、というのが本書の基本スタイルだ。というか、どんな疑問であれ、本や論文、インターネットをあさって他人の考えを知る前に、まずは現場で向き合い、自分なりに考えてみることが大事だろう。科学は不完全で常に発展途上だし、僕は「知識は荷物になる」と思うから、固定観念なしで本質を見つめ、感じることにこそ、価値があると思う。

筆者はこれまで、日本じゅうで木の葉っぱを集めてきた。街中の公園、民家の庭先、雑木林、山奥の深い森、海に浮かぶ小島……木のある所ならどこへでも喜んで行った。

葉っぱを取って、表面に水をスプレーし、濡れ新聞紙を敷いた１００円のプラスチック箱に入れて自宅に持ち帰る。その葉っぱを一つずつ、ハンカチやブラシで掃除して、スキャナの上に並べていく。まずは葉っぱがついた枝ごと、次に葉っぱを1枚ずつ切り離して、それぞれ表と裏をスキャン。１枚の葉っぱを計4回スキャンする間に、じっくり葉を観察できる。そうやって撮りためたスキャン画像は4万点以上、集めた葉っぱの枚数は優に10万枚を超えるだろう。

この「葉っぱスキャン画像」を使って、樹木図鑑を作るのが僕の仕事だ。学生時代に、既存の樹木図鑑がわかりにくいことに疑問を抱き、木の見分け方を独学し始めた。やがて自分で図鑑を作り、それが大成功すると、そこから15年間、毎年1冊のペースで樹木図鑑を作り続けてきた。そろそろ、木の名前を調べるばかりではなく、今まで常々感じてきた素朴な疑問について、突き詰めて書いてみたいと思っていた。

なぜ、葉っぱはこんな形をしているのか？（第二章）

なぜ、日本の森はこんなに生態系のバランスが崩れたのか？（第三章）

なぜ、人間はこんなに植物に魅せられ、こんなに自然を破壊してきたのか？（第四章）

本書では、単なる植物の話を超えて、そこまで追究してみた。何も特別な話題ではなく、あちこちの木や森を見ていれば、自ずと見えてくる疑問だ。木はその土地の気候、環境、歴史を表すから、木の名前がわかると、目に入る情報量が劇的に増える。そして、木には虫や鳥、動物が集まり、周囲に草やシダ、キノコが生える。すなわち、木は自然の土台であり、木々を見ればその生態系までが見えてくるのである。

いくら時代が進歩しても、人間は植物なしでは生きていけない。食料・木材・エネルギーの自給率が際立って低い日本は、都市化と過疎化が両極端で、自然の恩恵や存在を感じにくくなっている。一方で、世界有数の豊かな自然とともに暮らしてきたのも日本人だ。植物を知れば、自然の摂理や生態系の絶妙なバランスに気づくだろう。それを知らなければ、人は自然をいとも簡単に破壊し、自らの首を絞めることにもなりかねない。

本書を通して、植物を、自然を、地球の未来を考える機会になれば幸いである。

林 将之

目次

装幀・ブックデザイン　林　将之

第一章 樹木図鑑を作るわけ

クスノキ（実寸大）

葉っぱスキャンの発見

ウィーン、ガッ、ウィーーーーーン。

スキャナを起動させると、センサーが白い光を放ち、モーター音が鳴り響く。ガラス面に被写体をのせ、フタを閉めてスキャンを実行すると、センサーがゆっくり動く。標準的な解像度（350dpi）でA4サイズをスキャンしたら、だいたい20〜30秒、拡大用に3〜5倍の高解像度でスキャンしたら、2〜10分前後かかる。

説明しておこう。スキャナとは、書類や写真をコピー機のようにスキャンして、デジタ

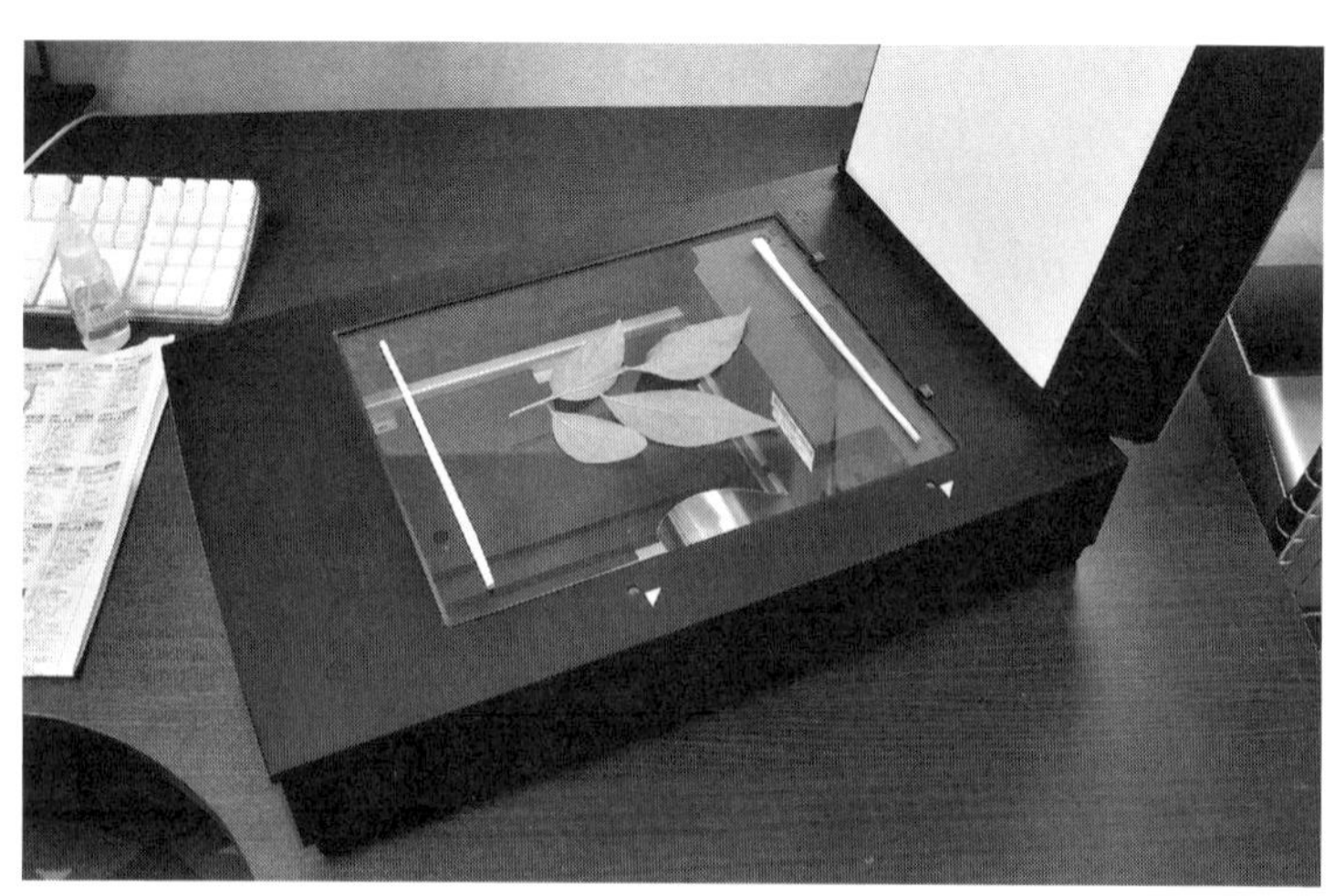

スキャナ（エプソン製A4フラットベッドCCDスキャナ GT-X980）を使って葉っぱをスキャン。葉を押しつぶさないよう、割り箸や鉛筆を両端にかませるのがコツ。

ル画像に変換する装置だ。デジタルカメラが普及する前の1990年代までは、カメラといえばフィルムを使ったアナログのカメラで、写真屋にフィルムを渡して現像し、紙にプリントされた写真や、ネガまたはポジフィルムを手元に保管するのが当たり前だった。だから、写真をパソコンに取り込むにはスキャナが必需品だった。僕は当時3万円ぐらいでスキャナを購入し、一眼レフカメラで撮った写真をスキャンしてパソコンに取り込み、大学の実習などで使うプレゼン資料を作るのに使っていた。

22歳のある日。僕は一人暮らしのアパートで、意味もなくスキャナで遊んでいた。紙のような平べったいものばかりじゃなくて、鉛筆とか消しゴムとかの立体物もスキャンできるのか？

やってみると……フタが浮いて背景がグレーになったけど、スキャンできた。

では、手のひらは？　……同じように、かなり鮮明にスキャンできた。

顔は？　……顔のアップって気持ち悪いけど、やっぱりスキャンできた！

カメラは？　……背景がかなり暗くなったけど、ガラス面に近い部分ほどピントがよく合って、思ったよりきれいにスキャンできる！

と、こんな風に遊んでいた。そして、ふと机の上にあった葉っぱをスキャンしてみた。

近所の道路沿いで見つけて、名前を調べるために持ち帰ったカルミア（アメリカシャクナゲ）という木の葉だった。するとどうだろう？　葉っぱの表裏の質感が鮮明に画面に映し出され、細部までピントが合ってしっかり見えるではないか！

「すごい!!　これは使えるかも！」

初めて葉っぱをスキャンした瞬間だ。どれくらいすごいかというと、たとえば毛の多い葉をスキャンして拡大表示すると、毛の1本1本が鮮明に見え、そこに潜むダニまで見えたりするのだ。

大学を卒業してフリーターをしていた時期に、目的のない遊びから偶然発見した、運命の出会いだった（だから僕は遊びは大事だと思っている）。まさかこの方法で何冊も図鑑を作ることになろうとは、当時は思ってもいなかった。

上／初めてスキャンした葉っぱ、カルミア（ツツジ科の常緑低木）
右／父から譲り受けたカメラ（ペンタックスMX）をスキャン。

話を続ける前に、時計の針を少し戻し、僕が大学時代に経験した、樹木図鑑との不満だらけの出会いから話しておこう。早く葉の形のことを知りたい方は、どうぞ読み飛ばして第二章に飛んでもらって構わない。

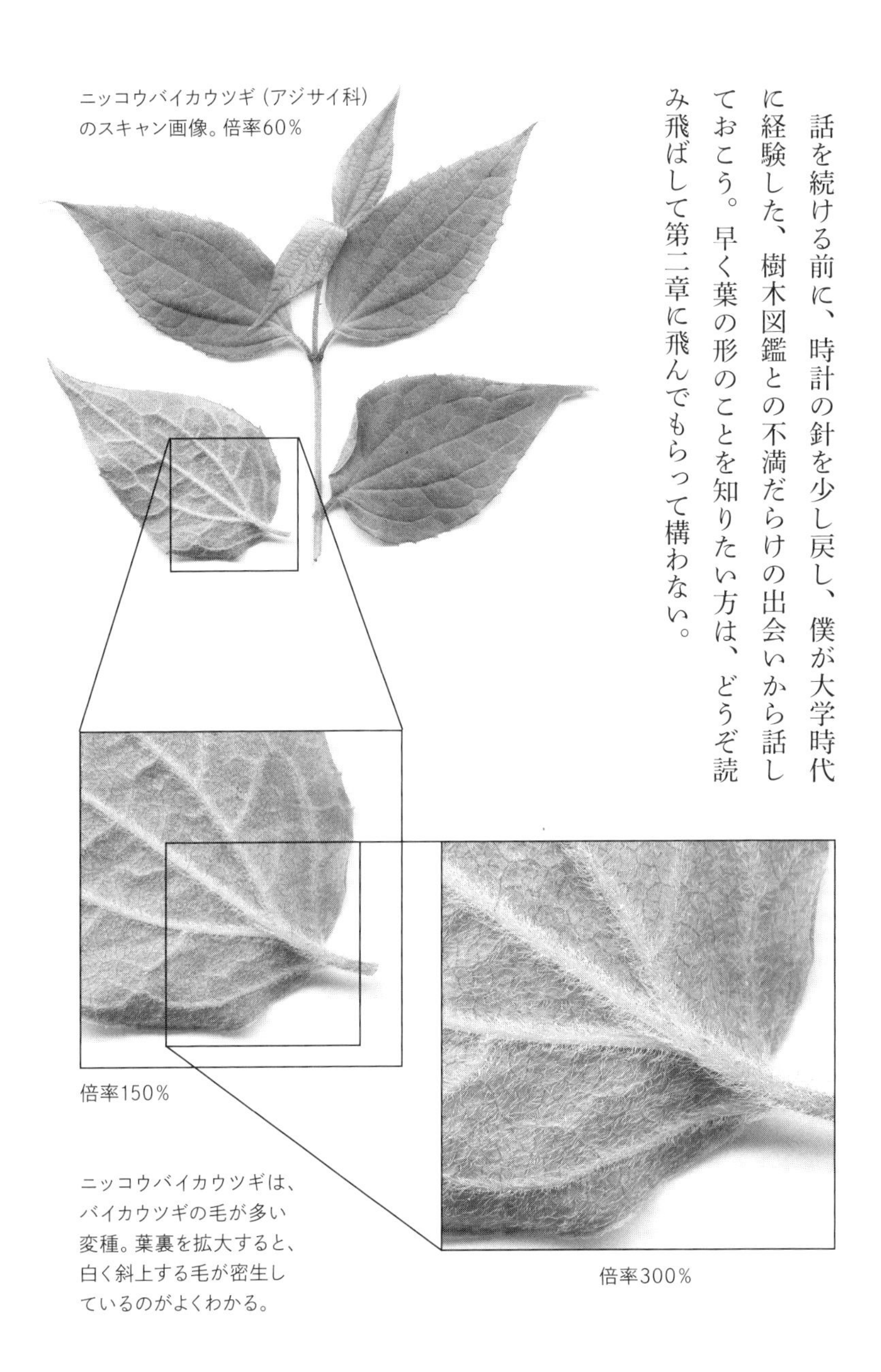

ニッコウバイカウツギ（アジサイ科）のスキャン画像。倍率60％

倍率150％

倍率300％

ニッコウバイカウツギは、バイカウツギの毛が多い変種。葉裏を拡大すると、白く斜上する毛が密生しているのがよくわかる。

僕の樹木独学スタイル

使えない樹木図鑑

ワクワク。
大学2年生の時、初めての設計実習が始まった。架空の住宅の敷地に、好きに樹木や園路を配置して、庭の設計図面を描くのだ。子どもの頃から好きだった「自然」と「デザイン」、その両方に関わりたくて園芸学部の造園設計（ランドスケープデザイン）を専攻した僕にとって、念願の実習だ。

「さて、何の木を植えよう？　よく考えたら木の名前なんてほとんど知らないな……」

それが当時の僕の知識レベルだった。知っている木といえば、実家の庭にあったモモ、ウメ、カキノキ、キンモクセイなどの庭木と、小学校の校庭にあったクスノキやサクラぐらい。まずはキャンパスや身近な住宅街に生えている木の名前から知ろうと思い、小さなポケット庭木図鑑を買って、最初から最後のページまでめくった。けれども、目の前に生えている木の名前を調べようとしても、なかなか見つからない。

「見逃しているのかもしれない」と思い、何度も「春の樹木」から「夏の樹木」「秋の樹木」のページまで、1ページずつ丁寧にめくってみたが、やっぱり見つからない。そもそも、載っていたとしても、わかるわけがないというあきらめが生まれた。なぜなら、調べたい木は葉っぱしかついていないのに、図鑑には、きれいな花や果実のアップ写真がドーンと大きく載っているだけで、葉の形がよく確認できる写真がほとんどないからだ。

それは、友達が持っている樹木図鑑も、図書館に置いてある樹木図鑑も、本屋で売っている樹木図鑑も、どれも似たようなものだった。季節順に並んでいるか、生育環境順に並んでいるか、科ごとの分類順に並んでいるか、その程度の違いで、調べたい木がどこに載っているのか見当もつかず、ただひたすら最初から最後までページをめくって、偶然見つかることを期待するしかなかった。中には「検索表」という植物の名前を調べる表がついた専門書もあったが、花や果実の形態で調べる仕組みになっており、1年に一度花が咲くかどうかわからない木は調べられない。

つまり、葉っぱしかついていない木は、図鑑を使ったところで名前を調べようがないのだ。僕だけではなく、同級生みんなが、同じ苦労と不満を抱えていた。

「なぜこうも使えない樹木図鑑ばかりなのか⁉」

と、強く強く疑問に思ったものだ。思えば、その不満が僕の原点になった。まだ図鑑ブームが到来する前の、１９９６年のことである。

結局、実物の木を見分けることはほとんどできないまま、図鑑から適当な木を選んで設計図面に配置していった。もちろん、「庭木によい」とか「花が美しい」などと紹介された木を選んだのだが、今になって当時の設計図面を見ると、苦笑いしてしまう。大きくなる雑木のミズキを庭の中心に植え、日当たりを好むノリウツギを暗いモチノキの下に植えるとか、スケール感も、生育適地も、成長速度も、本物の木を知らないから、現実にはあり得ない設計になっている。

このように、本や授業で植物の知識は得ても、実物の木はよく知らないままに卒業していた学生が多いと思う。僕のいた千葉大学園芸学部緑地・環境学科は、庭や公園の設計から、さらには都市計画や里山の保全などを学ぶ珍しい学科だったので、社会に出ると「植物の専門家」として迎えられる。その大学を卒業すれば、木や植物全般に詳しくなると、当事者も第三者も思っていたのだ。

実際は、植物を調べる野外実習に参加しても、次々と植物を見せられて名前を言われ、「はい覚えなさい」と、本当にそんな感じで、どこをどう見れば見分けられるのか、コツとかノウハウとかは、ほんの少ししか教えてもらえなかった。造園という分野自体が「何度も見て覚えろ」という感覚的・職人的な空気があったのだろう。木の種類を見分けられる図鑑がほとんどなかったのだから、仕方ないのかもしれない。

だから、公園の木についている樹名板に、かなりの頻度で間違いが含まれていたりしても、正確に樹木を見分けられる人がほとんどいないから、誰も気づかないし直せないし問題ないのだろう。

そんな現実を知り始めた僕は、「葉・樹皮・

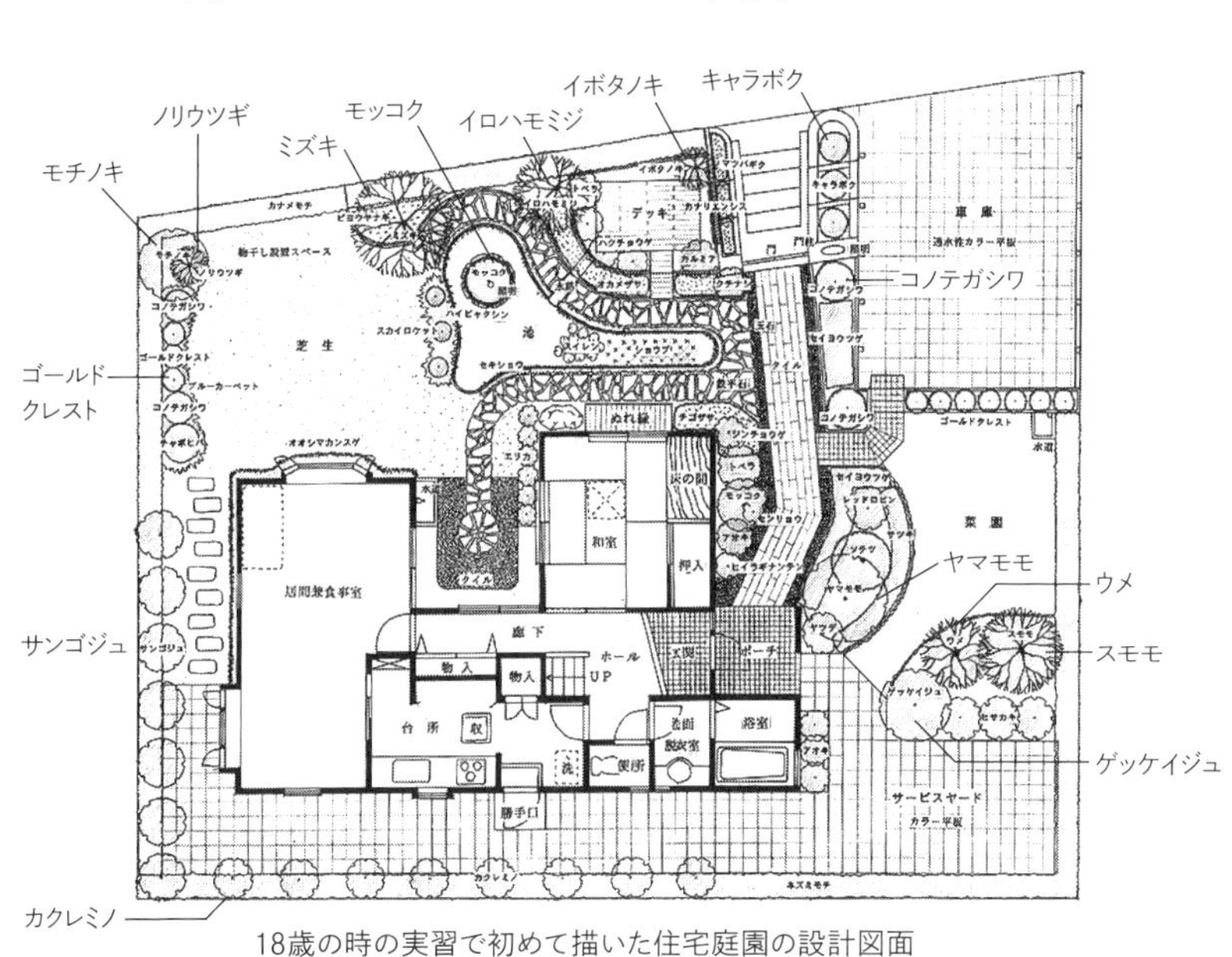

18歳の時の実習で初めて描いた住宅庭園の設計図面

樹形など、日常的な姿から木を見分けられるようにならなければ意味がない」と思い、木の見分け方を独学し始めた。

バイブルとの出会い

ちょうどその頃、僕にとってバイブルと呼ぶべき図鑑に出会った。大学の植物調査実習に参加した時、ある先輩が手にしていたのが、『検索入門 樹木』(保育社)という図鑑だった。葉っぱの表裏の写真だけが載っていて、次のページには各樹木の見分けポイントが箇条書きで記されている。巻頭には葉っぱの検索表があり、葉の形、つき方、ギザギザ(鋸歯)の有無、常緑樹か落葉樹か、葉脈の走り方などを調べることで、候補種を次々絞っていく

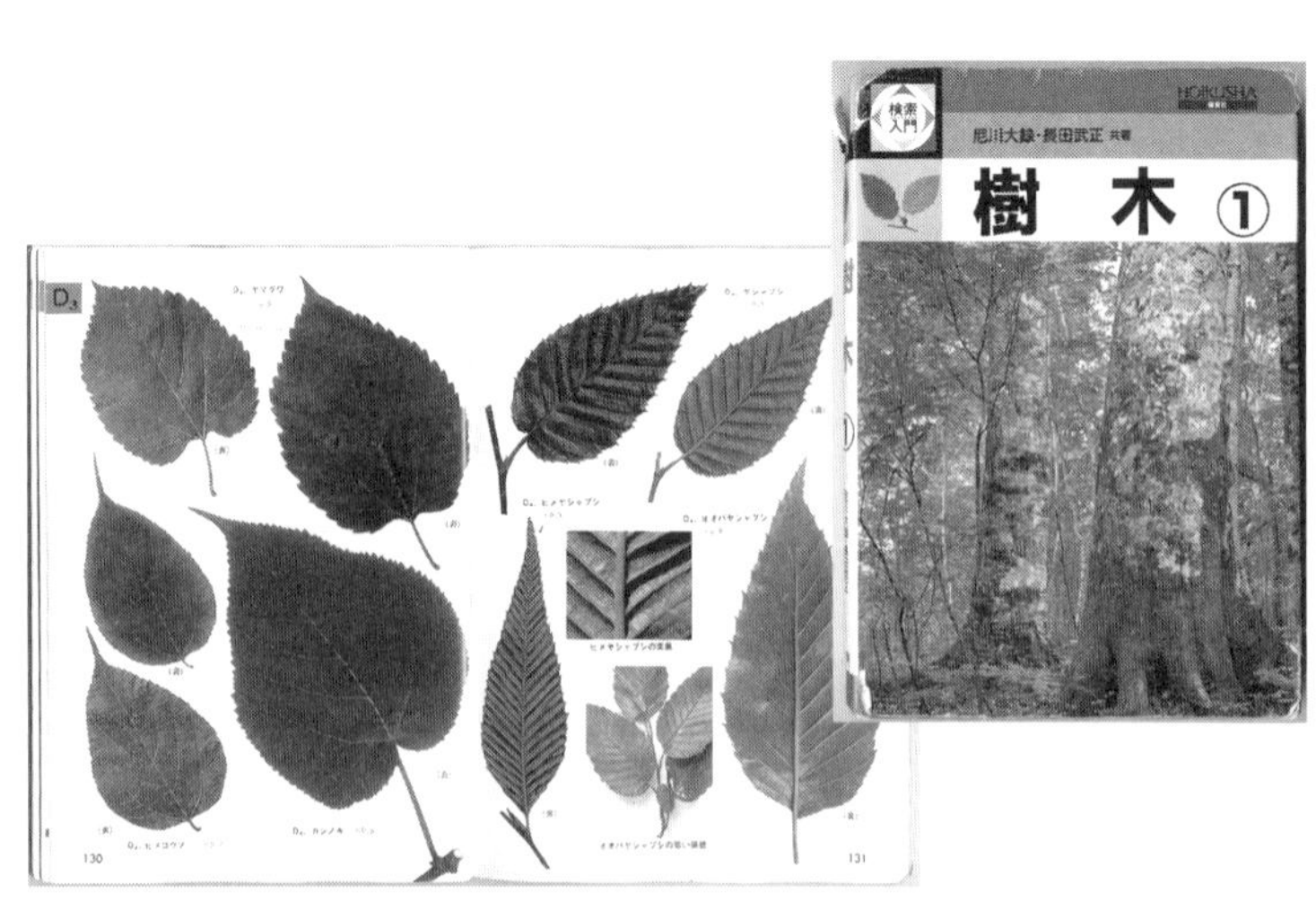

『検索入門 樹木①』(尼川大録、長田武正/保育社、1988)の表紙と紙面。ほかに『樹木②』『針葉樹』『冬の樹木』などの巻がある。

ことができる。

　葉に特化したこの専門図鑑を使うと、今までまったく調べられなかった木の名前が、次々とわかるではないか！　それからというもの、僕は毎日のように、大学キャンパス内で、公園で、雑木林で、時には民家の庭先で、名前のわからない木を見つけては葉を頂戴(ちょうだい)し、ポケットやカバンに忍ばせては『検索入門 樹木』で調べまくった。もちろん、この図鑑に載っていない木もあったが、検索表を何度も使ううちに、科や属ごとの特徴がつかめるようになったのは大きい。だから、僕の部屋にはいつも葉っぱが散らばっていた。

日本各地の森を巡る

　関東で木を覚え始めた僕に、とてもいい刺激になったのが、お盆とお正月の帰省だ。大学のある千葉県松戸市から、実家のある山口県田布施町まで約千キロ。お金はないけど時間はある学生にとって、この移動に青春18きっぷ※を使わない選択はない。片道2000円余りで、約17時間かけて鈍行電車を乗り継ぐハードな旅だ。

　一日じゅう電車に乗りっぱなしだと、疲れるしお尻も痛くなるし楽しくない。そこで、途中下車を繰り返し、地形図を見ながら駅から歩いて行ける山や森、神社、公園などの木

※青春18きっぷ：全国のJR線の普通・快速列車の自由席が1日乗り放題の切符。5枚綴り11,850円で販売され、年齢制限なく使える。

を見て回るのが、いつしか旅のスタイルになった。するとどうだろう。行く先々で違う木、違う森、違う景色が見られ、どんなに刺激的だったことか。

静岡駅近くでは分布北限のカンザブロウノキの大木を見つけたし、浜松市鷲津駅そばの神社林では、クロバイを見分けられず悩んだものだ。名古屋市内の湿地を巡った時は、低地にズミやクロミノニシゴリの花が多数咲いていて驚き、三重県柘植駅そばでは、分布域外のアオモジらしき木を見つけた。京都市の山科駅から大文字山（東山如意ヶ嶽）に登ったら、ちょうど五山の送り火（大文字焼き）の翌日で、炭拾いの人たちに出会った。新神戸駅から摩耶山に登る沢筋には、珍しいウラジロウツギが茂っていたし、岡山県の海辺では、山火事跡地に植えられたオーストラリア原産のメラノキシロンアカシアの林を見た。とにかく、関東と山口を毎年往復する樹木観察旅で得た経験は、思い出すときりがない。

何か目的の木を探して行くわけでもなく、ただそこにある森に行き、そこにある木をすべて見て調べる。そんな中に偶然の発見や驚きがあるからおもしろい。もちろん、観察した木々はすべてその場で名前がわかるわけではない。普及し始めのインターネット上には植物情報がほとんどなかった時代で、あれこれ図鑑を調べてもわからず、お蔵入りした葉も多い。それが何年か後に、開花・結実した木に出会ったり、図鑑や植物園で偶然見つけたりして名前が判明したことも多々ある。僕は植物学専攻ではなかったので、木の名前を気軽に尋ねられる先輩や先生もいなかったし、自力で試行錯誤しながら調べるしかなく、それがむしろ自分の観察力になり、自信になった。

そして、旅をしながら肌で感じた樹木の多様性や個体差、環境や文化の違いなどが、生きた教材として貴重な学びになったのは間違いない。もともと一ヵ所にとどまるタイプではないので、やがて日本の北から南まで、海岸も高山も、都市も田舎も、まんべんなく観察したいという思いが強くなった。

日本地図にこれまで樹木観察をした場所を●印で記録していくと、まず最初に樹木を覚えた関東平野と、実家のある山口県東部が黒くつぶれ始め、関東と山口を結ぶ東海道・山陽本線の沿線に●印が増えていった。では次は日本海側を旅してみようとか、帰省した時に四国や九州を回ろうとか、いつしかこの日本地図の

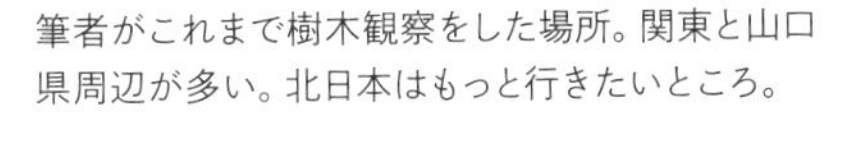

筆者がこれまで樹木観察をした場所。関東と山口県周辺が多い。北日本はもっと行きたいところ。

空白地帯を目指して、樹木を巡る旅をするようになった。

　こうして日本各地で見た樹木は、すべての種名をフィールドノート（野帳）に記録している。地名、標高、環境などを記録し、樹木は原則、高木層、亜高木層、低木層、草本層、つる植物に分けてリストアップする。ほぼ初めて見た樹種は○印、注目種は●印、普通種は・印のように区別し、気になった樹種や不明種は、その特徴や形態をスケッチしておく。帰宅後に調べ直して名前が判明したものは、赤字で

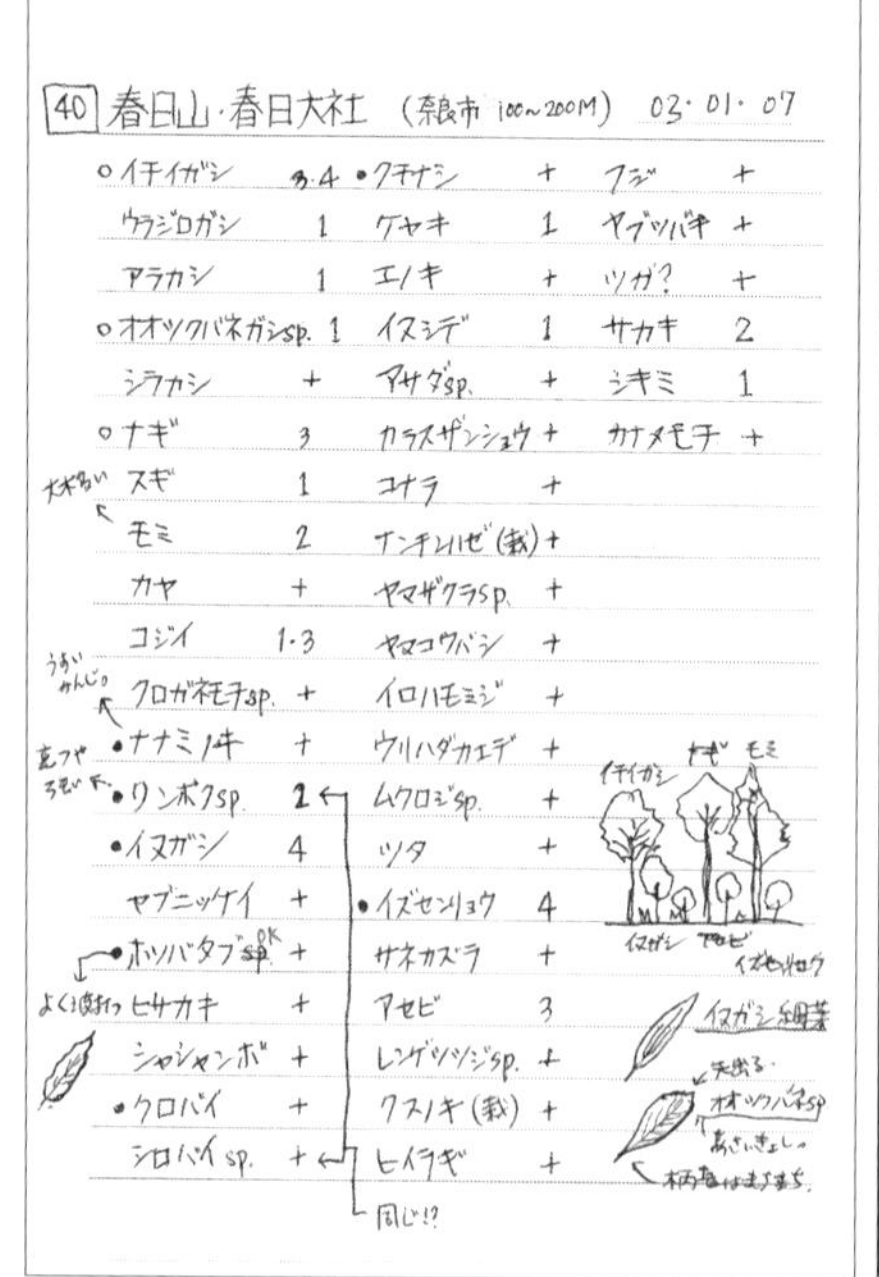

2003年1月7日 春日山（奈良県）
植生調査風に記録。+・1・2・3・4の順に多い

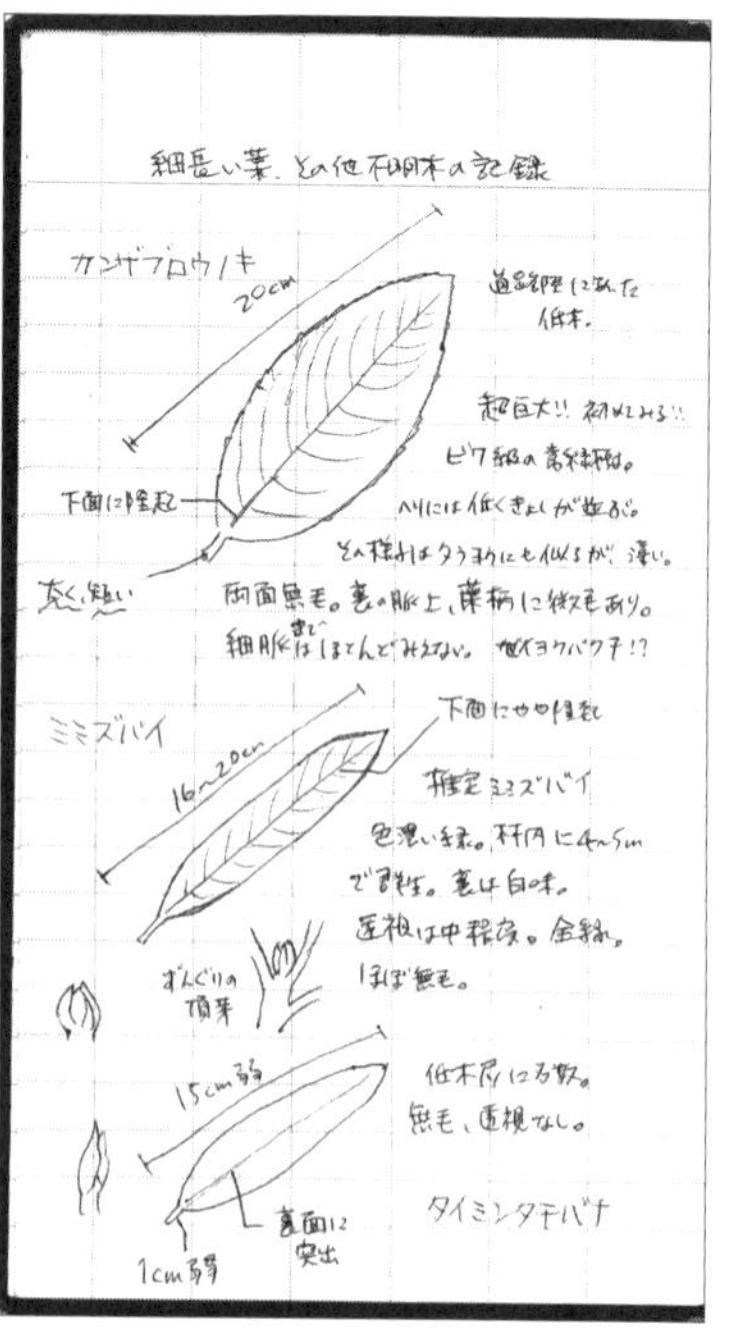

2000年11月2日 峨眉山（山口県）
南方の照葉樹をスケッチ

書き足したり修正したりすることで、紙面は充実していった。

木を覚え始めの数年間は、森の特徴や感想も丁寧に書いていたが、次第に各地の植生や樹種がわかってくると、記録は簡略化していった。逆に、鳥や虫のスケッチが増えたり、花や実の状況（フェノロジー）も記録するようになったし、秋には紅葉の色も記録している。こうして現在までにたまった約30冊のフィールドノートは、今もすぐ手に届く引き出しに大切に保管してあり、過去の観察地を思い出したい時によく開いている。

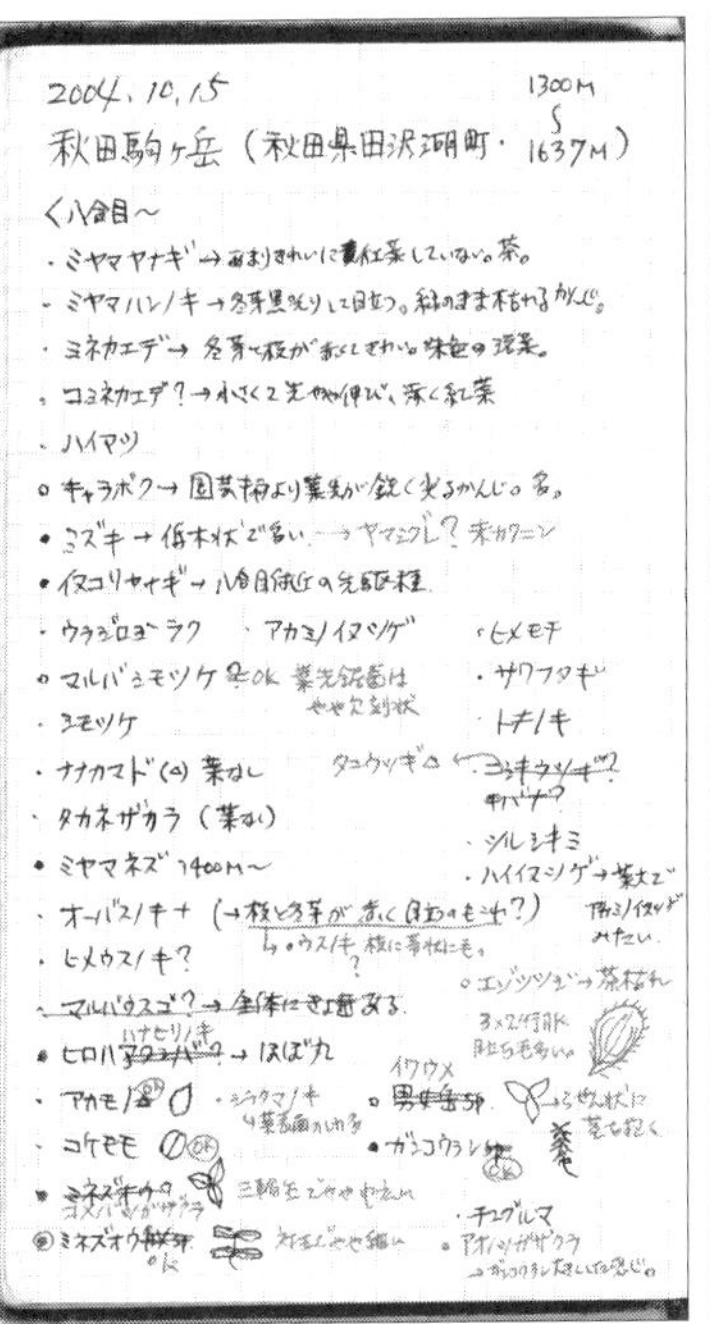

2004年10月15日 駒ヶ岳（秋田県）
北方の高山植物を観察

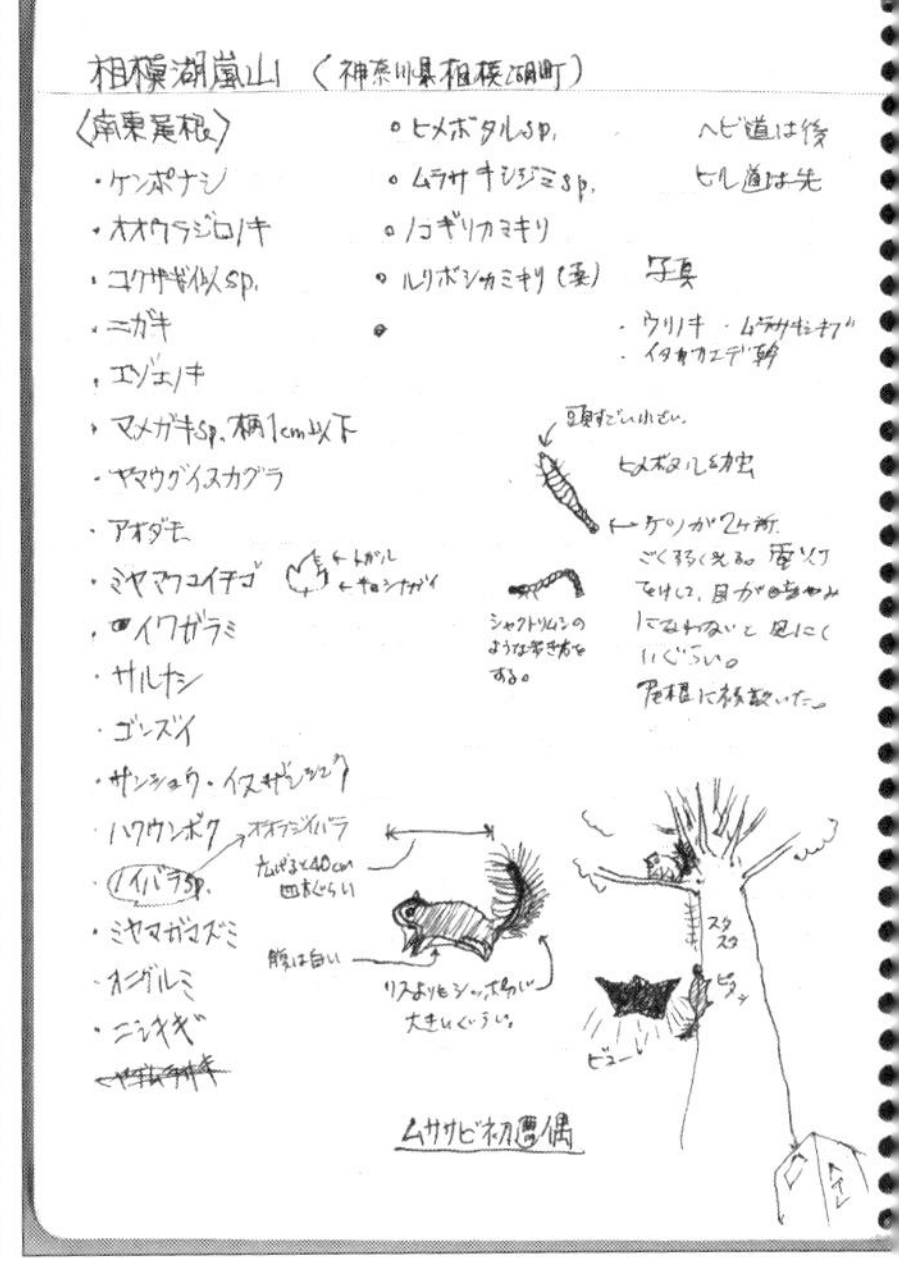

2003年7月2日 相模湖（神奈川県）
ムササビに初めて遭遇

就職活動

夢探しの時間

誰もが就職のことを考え始める大学3年の頃。周りの同級生は、造園設計事務所でアルバイトをして専門的な経験を積む人が増えた。今でいうインターン制度と似たようなものだろう。都市環境デザイン学を専攻していた僕も、そろそろ進路を見据えて設計のバイトをしてみたいと思い、大学院の先輩にお願いして、植物に強い造園設計事務所を紹介してもらった。

新宿にあるバイト先の事務所を初めて訪れた日。

「いよいよ僕も本格的な設計の経験ができるぞ〜」と思っていたら、案内されたのは設計部ではなく調査部。

「あれっ？　僕、設計希望なんですけど……」

と内心ガックリ思いつつも、これも運命と言わざるを得ない。その日から僕は週2〜3日、植物調査の仕事を手伝うようになり、大量の植物リストをひたすらパソコンで入力したり、

CAD※で植生図を作成したり、フィールドで植生調査の補助をしながら、たくさんの植物を見て、さまざまな樹木の同定（種類を正しく見分けること）を実践的に学んだ。中でも、東京の郊外を流れる玉川上水の雑木林には最も多く通ったし、時には高速道路沿いの法面（のりめん）（人が造った斜面）緑地、時には軽井沢のゴルフ場建設予定地、時には山形県の飯豊（いいで）山麓（さんろく）などにも調査で足を運び、さまざまな現場を経験させてもらった。

その一方で、公共事業ばかりで、深夜残業や休日出勤の多い業界の現実も知ったし、環境アセスメント※で調査した場所は最終的に開発されてしまうといった矛盾（むじゅん）も感じたりして、いつしかこの業界に浸かっていくことに躊躇（ちゅうちょ）を感じ始めていた。

大学4年にもなると、周囲の同級生らは就職活動や大学院への試験に向けて忙しく飛び回っていたが、僕はいわゆる就職活動をしなかった。自分の進みたい道がいまいちわからなかったのと、バイト先にそのまま通い続ければいいと思っていた安心感、それに、同年齢の皆が同じような黒いスーツを着て企業を駆け回る姿に違和感も感じていた。やりたいことを見つけるまでは、フリーターをした方がいい。カッコよく言えば、夢探しの時間。いっそのこと、少年時代から憧れていた南国・沖縄に行ってフリーターをするのもいいと思っていた。

卒業論文では、空き地の研究をした。子どもの頃、空き地というといわば無秩序（アナー

※CAD：Computer-Aided Designの略で、コンピューター支援設計、すなわちパソコン上で図面を制作するソフトのこと。

※環境アセスメント：開発を行う前に環境への影響を調査、予測、評価して、環境へ配慮すること。環境影響評価。

キー）な空間で遊んだことがいい刺激になった経験から、都市部にどのくらい空き地があり、子どもが遊べる状況になっているか、柵(さく)の有無などを調べた。ちなみに僕の空き地での経験といえば、積み上げられた廃車に入って遊んだり、材木置き場で子ネコを秘密に飼ったり、背丈ほどもある草むらを走り回ったりという思い出がある。とにかく、作られた環境ではなく、ワイルドな環境での遊び体験が大事と思っている。

空き地の研究をする人は珍しかったので、卒業後に研究室の教授と学会発表※しようという話になり、それをいい口実に、僕は大学を卒業してフリーターになっても大学に出入りし続け、空き地の追加調査を続けた。大学時代の悪友は、プー太郎のくせに大学に通い続ける僕のことを「コバンザメ」と揶揄(やゆ)したが、今考えると、確かにコバンザメのごとく厚かましい寄生生活をよく続けたものだ。けれども、目的もなく就職しなかったこの時間が、後の人生の転機に繋がるわけで、当時の僕を理解してくれた親や大学の先生方には感謝の気持ちしかない。

転機を招いた樹木の資料作り

樹木の独学を始めて3年が経ち、大学卒業時には、身近な樹木の大半がわかるようにな

※1999年に日本造園学会にて学術論文「柵による空き地の閉鎖状況と市街化進行程度との関係について」（林将之、田代順孝、木下剛）を発表。『ランドスケープ研究』第63巻5号掲載。

っていた。友達から樹木の名前を尋ねられることも増え、いつの間にか教える側にもなっていた。ある日、後輩が大学キャンパス内の樹木に名札をつけるというサークル活動、その名も「ＫＮＴ」（＝木に名札をつける会）を始め、僕が木を教える講師役を頼まれた。毎月、後輩を連れてキャンパス内の木々を説明しながら歩き回ったものだ。

そんなことをしながら、僕は自分が身につけた樹木の知識を活かしてもらおうと、後輩に資料を残すことにした。もともと父親がパソコンやカメラ好きだった影響で、僕も小学生の頃からカメラやパソコン（ワープロ）に触れていたし、写真を撮るのも、文章を打って書面を作る作業も得意だった。大学でもプレゼンテーション用の図面をパソコンでよく

KNT（木に名札をつける会）の活動で、キャンパス内の木々を説明するフリーター時代の筆者（右端・当時23歳）。この活動は大学から表彰もされた。

作っていたので、フォトショップやイラストレータなどデザイン系ソフトの使用は慣れたものだった（実際の図鑑制作ではインデザインというソフトを最もよく使う）。

　そうしたノウハウを活かして、後輩のために樹木の資料を研究室で作っていた時のこと。それを見た大学院の先輩に、

「それ、出版すればいいじゃん」


と言われたのだ。僕は一瞬、あっけにとられ、

「そういう方法があったか！」

と、目からウロコが落ちる気がした。出版というのは考えたことがなかった。なぜ思いつかなかったのだろう。意外なところに盲点があるものだ。

　僕はすぐに、出版社に売り込むため、樹木図鑑のプレゼンテーション資料を作り、造園関係の出版物を出している出版社2社に企画を持ち込んだ。するとどうだろう、2社ともに同じことを言われたのだ。


「これだけのものを作れるなら、まずはうちに入社しなさい」と。

結局、１社目の出版社に入社。別に就職したくて企画を持ち込んだのではないが、思いがけず出版業界に入ることになった。自分の樹木図鑑の出版はすぐには実現できないことになったけど、まずは出版社で経験を積むのもいいと思った。図らずしも、就職活動なしで就職することになったのだ。フリーターになって１年半後に出会った、小さな第一歩だった。

その出版社は、造園業界の雑誌『ランドスケープデザイン』と、ガーデニング雑誌『マイガーデン』の発行を主体とした小さな出版社だった。社員は10人もいないので、「できる仕事は何でもやって

出版社に売り込んだ樹木図鑑の見本。木の耐性、街路樹本数の順位、樹形イラスト、葉の大きさの棒グラフなど、ユニークなアイデアも多かったが、情報を詰め込み過ぎていた。

ほしい」という方針で、僕はこの2誌の編集と誌面デザインを中心に、取材→撮影→執筆→レイアウト→校正→印刷チェックという本作りの全工程に関わり、時にはイラスト作成や広告制作までやらせてもらった。分業化が進む大企業の出版社ではあり得ないことだ。

　また、そのガーデニング雑誌の中で、「木の名前を覚えたい」という僕の連載ページをもらうことができ、印刷物上で初めて葉っぱスキャン画像を使用し、初めて自分の記事を書くこともできた。

　自分が取材してレイアウトした記事が、インクの匂いを発する雑誌という完成形になって、全国の書店に並ぶ。初めての仕事ばかりで、プレッシャーや失敗もいろいろあったが、興味のある分野で日々新しいことを学べるの

木の名前を覚えたい

和の人気花木3種

エゴノキ

ヤマボウシ

ナツツバキ

ヒメシャラ

雑誌『マイガーデン』(マルモ出版、2001年)の連載記事で、初めて葉っぱスキャン画像を使用した。エゴノキ、ヤマボウシ、ナツツバキを紹介した回は特に評判がよかった。

で、大きなやりがいがあり、会社に行きたくないと思った日は一日もなかった。好きなことをするのは本当に大事で、この業界に巡り会えて本当によかったと思う。

そして、後に独立して図鑑作りを本業にする僕にとって、2年間勤務したこの小さな出版社での経験は大きな強みになる。なぜなら、スキャン画像が出版物に使えるのか、印刷物に必要な写真のレベル、どう色補正をすればどう印刷されるのか、それらに必要なソフトや設定、色校正や原稿チェックの流れなど、実務的な知識を現場で身につけることができた上に、出版社の思惑、著者の心理、読者の反応、書店や取次(とりつぎ)(本の流通業者)の事情など、さまざまな立場を知ることができたからだ。

森づくりの活動

それともう一つ、いい学びになったのが、この出版社を通じて関わった「森づくり」のボランティア活動だ。当時は森林ボランティア※が全国的に増えた時期で、林業に興味があった僕も活動に参加してみた。

そこは、神奈川県相模湖町(さがみこまち)(現・相模原市(さがみはら))の低山で、スギ・ヒノキ林の管理作業をはじめ、広葉樹の植樹、伐採跡地の整備などを行っており、中高年から若者まで、毎月

※森林ボランティア:人工林や雑木林を対象に、草刈り、間伐、植樹、林産物生産などの管理・整備作業をするボランティアグループ。

左は放置されていたヒノキ人工林の枝打ち作業。右は崩落跡地の斜面にトチノキを植林する様子。NPO法人緑のダム北相模が主体となり、現在も活動が続けられている。

数回、50人前後が集まっていた。ボランティアといっても、FSC（Forest Stewardship Council／森林管理協議会）という森林認証※の取得を目指して活動していたので、内容は本格的だ。僕は「生態系調査班」の一員になり、動植物の調査を担当しながら、時にはノコギリやナタを持ち、スギの間伐※やヒノキの枝打ち※もしたし、生き物観察会を開くことも度々あった。こうした活動は、多様な特技をもつ人が任意で集まり、多様な体験をできる貴重な場だ。僕はここに約5年間通い、動物の専門家や木工のプロにいろいろな話を聞いたり、養蜂家にミツバチを見せてもらったり、竹と炭でバームクー

※森林認証：その森林で生産された木材等が、持続可能で環境に配慮された条件下で生産されていることを認証するラベリング制度。

※間伐、枝打ち：過密になった木を間引いて伐採する作業が間伐。木の下部の枯れた枝などを落とす作業が枝打ち。

上／白い花をつけたニセアカシア。
下／翼のある羽状複葉のフユザンショウ。

ヘン作りをしたり、プロの林業家の伐採作業を見学させてもらったりと、本当に幅広く勉強させてもらった。

林業の世界を知りたかったのは、植物は単に「眺める」ものや「守る」ものではなく、その恩恵を「利用」してこそ人間が生きていけるわけで、利用しながら守っていくことを考えたかったからだ。

活動の中では、時に衝突もあった。養蜂の蜜源植物として、繁殖力の強い外来種のニセアカシア※（ハリエンジュ）を山中に植樹する計画があり、僕が中止すべきだと反論したり、スギ林内に珍しいフユザンショウ（ミカン科の常緑低木）が生えていたのが、ある日の下刈り※作業ですべて刈り払われてしまい、僕が下刈りの意義を問う疑問を投げかけたり、作業広場の花壇に、野生化しやすい外来種のボタンクサギやイタチハギ（実際はクララという在来種だったかもしれない）が植えてあったのを、僕が勝手に引き抜いて怒られたり……そんな議論を交わしたのも、今となってはいい思い出だ。

※ニセアカシア：北米原産の落葉高木。単にアカシアとも呼ばれる代表的な蜜源植物だが、日本の侵略的外来種ワースト100、要注意外来生物に指定されている。

※下刈り：植林した木以外の林内の草木を刈り払う作業。下草刈りともいう。

樹木鑑定サイトの開設

誕生秘話

大学を卒業してフリーターをしていたある日、建設会社に就職した大学時代の同級生から、一通のメールが届いた。

「仕事で木の名前を尋ねられたのだけど、わからないから教えてくれる？」

添付されていた画像ファイルを開くと、道路沿いに生えたポプラ（セイヨウハコヤナギ）の木が写っていた。僕はその木の名前と簡単な解説を書いて、返信した。同級生は、

「ありがとう、助かった！」

と喜んで返信メールをくれた。

このメールのやりとりを経て、僕はふと思った。きっと同じように、木の名前がわからずに困っている同級生や造園関係者、いや、世の中にはもっともっと木の名前を知りたい人がたくさんいるはずだ。だから、この質問をホームページで広く受け付けることができないかな？　と。

そう考えていた頃に、僕はある病気にかかった。ちょうど出版社で働き始めた頃の出来事だった。

たまに、胸の少し上あたりの体内で、ポコポコと音がすることがあり、時に刺すような痛みを伴うのだ。そしてある日、東京の渋谷にあった出版社から、千葉県松戸市の自宅に帰る途中、僕は地下鉄の表参道駅で今までにない胸の痛みに突然襲われ、ベンチにしゃがみこんだ。息を吸い込もうとすると、胸、すなわち肺に針が刺さったような激痛が走り、息もできないし動くこともできない。

「これは本当にヤバいかもしれない！」

と、冷や汗をかいて救急車を想像しているうちに、幸い肺の痛みは消えていった。

何とか無事に帰宅した翌日、病院に行ってレントゲン検査を受けると、肺に穴が開く「気胸（ききょう）」と診断された。医者いわく、針のように小さな穴が開いているという。原因は不明で、自然に発症する「自然気胸」と呼ばれる症状で、痛みで動けないほど緊急性がなければ手術の必要もなく、1週間ほど自宅で安静にして自然治癒（ちゆ）を待つのだという。

看護士の女友達に話すと、

「気胸はやせ型で背が高い人に多い病気で、イケメンが多いんだよ。だから私たち、気胸の患者が入院したらみんなで見に行くもん」

と、慰めてくれた。気胸になった有名人を調べてみると、相葉雅紀、矢部浩之、佐藤健など、確かに僕と体格が似た人が多いかもしれないが……。

ともあれ、手術をするほど重症ではなかったのは幸いだった。で、1週間もの自宅療養の間、何をしよう？

「そうだ、この機会にホームページを作ろう！」

と思い立って、僕はホームページ作成のガイド本とソフトを買って帰り、ベッドとパソコンの前を行き来しながら、木の名前を質問できるホームページをちょうど1週間で作りあげた。その名は樹木鑑定サイト「このきなんのき」。子どもの頃から好きだった有名なCMをヒントにしたネーミングで、24歳を迎える誕生日2000年12月1日に開設した。

当時はまだインターネットが普及し始めたばかりで、ブログやSNSはもちろんなく、文字だけの

樹木鑑定サイト「このきなんのき」（http://www.ne.jp/asahi/blue/woods/）のトップページと掲示板。画像が投稿されるといろいろな人が回答し、あれだこれだの議論にもなる。

掲示板上でやりとりするのが、ネット上での主な交流方法だった。僕は当時珍しかった、画像を投稿できる掲示板を設置し、そこに訪問者が木の写真を投稿したら、管理人の僕＝「このきなんのき所長」が、その木の名前を回答する仕組みを作った。

全国から寄せられる鑑定依頼

開設して5ヵ月間は、知名度も広がらず、わずか5件しか鑑定依頼がなかった。その2件目が、確か長崎県から投稿された「ヒギリ」だったと記憶している。ヒギリ（緋桐）は東南アジア原産のシソ科の低木で、キリのように大きな葉と赤い花が特徴だが、日本では沖縄や九州を除いてほとんど見る機会がない。当時の僕は当然、皆目（かいもく）見当がつかず、「鑑定不能」と回答せざるを得なかった。だいたいの木

花ジイ
近所の道路のわきに生えていた木です。高さは50cmぐらいです。何という木でしょうか？

回答

このきなんのき所長
［和名］エノキ
［分類］ニレ科エノキ属の落葉高木（※現在はアサ科）
［的中率］90%
［他候補］ムクノキなど
［解説］葉の先半分に鋸歯（きょし：ギザギザ）があり、3本の葉脈（ようみゃく：葉のすじ）が目立つので、エノキと思います。低地に広く分布する木で、鳥がタネを運んで、よく勝手に生えてきます。放っておくと高さ10mにもなります。

鑑定依頼と回答の例。当初は［分類］［的中率］［他候補］などの項目を設けて回答していたが、現在は自由に回答している。限られた情報から名前を当てるのが鑑定の楽しさ。

の名前は覚えたつもりでいたのに、いきなり力不足を痛感することになり、ショックを受けたものだ。

ところがその約1週間後、僕のホームページを見たある閲覧者が「これはヒギリですよ」と回答を書き込んでくれると、掲示板は想像しなかった方向に発展し始めた。僕がわからなかった時や、間違った時、回答する時間がなかった時に、助け舟を出して回答してくれる人が次々現れ、おのずと、木の名前を知りたい人と、教えてあげたい親切な人で賑（にぎ）わうようになった。そのうち、雑誌やヤフーの公式サイトなどで「このきなんのき」が紹介されるようになり、生物の名前を画像で尋ねる、おそらく日本初の掲示板として、瞬（また）く間に知られるようになったのだ。

ヒギリ。南日本で庭木にされ、九州南部や沖縄では、野生化した個体も見られる。初夏にクサギに似た赤い花をつける。

今では、1日約千件のアクセスと、年間千件を超える鑑定依頼があり、その半数以上を僕以外の常連さんが回答してくれている。鑑定依頼の中には、最近の新しい園芸品種や、とても珍しい野生植物、外国で撮影された見慣れない木なども含まれるが、その度にプロ並みに詳しい閲覧者が回答をつけてくれ、僕自身がとても勉強になっている。実際に「このきなんのき」の常連さんには、掲示板上でこそ素性(すじょう)を明かしていなくても、大学の教授や、植物園の研究者、園芸業界の専門家、各地の観察会リーダーなど、その道を極めた本物のプロがたくさん来てくれている。僕が人に木を教えるために始めたホームページで、僕自身もたくさんのことを学ばせてもらっているのだ。

そして、毎日のように全国津々浦々から投稿される樹木の写真や花実の便りは、季節の移ろいや、各地の植生の違いを知ることができるだけでなく、質問者の関心事項や、文化の多様性までを感じることができる。また、自分もまだ初心者だった頃に始めたこのホームページで、今も初心者とのやりとりを続けることで、

「あ、僕も昔はこの木を見分けるのに苦労したな」

などと、初心に返る貴重な機会になっている。これは、いつの間にか偉そうな専門家やマニアになってしまわないためにも、大事なことだと思う。だから僕のホームページは、今も昔も「初心者大歓迎」を謳(うた)っている。

ちなみに、「このきなんのき」で名前を尋ねられることの多い樹木トップ5は、エノキ、クスノキ、トウネズミモチ、タブノキ、クロガネモチあたりだ。昔は名前のわからない木は「なんじゃもんじゃ」と呼ばれ、各地にそう呼ばれる木が残っているが、その正体は、有名なヒトツバタゴ（モクセイ科）以外に、エノキ、クスノキ、タブノキ、クロガネモチなどの場合がある。今も昔も、人々が名前がわからなくて困る木は同じなのかもしれない。

「このきなんのき」から広がった輪

ホームページ開設から約1年後には、「このきなんのき」を閲覧していた巨木愛好家のグループから「オフ会」に誘われた。オフ会とは、オンライン（＝インターネット）で知り合った人たちが、オフライン（＝現実世界）で実際に会う集まりのことだ。僕は特に巨木に関心が高かったわけ

トウネズミモチ（モクセイ科）。中国原産だが庭や公園に幼木が生えてくることが多い。

タブノキ（クスノキ科）。低地に多い木だが、知名度は低く、用途も特徴も少ない。

でもないが、泊まりがけで京都や山形などの巨樹・巨木を観察して回り、新たな木の見方を知ると同時に、インターネットで仲間ができる素晴らしさを知った。ほかにも、植物全般の観察会や、南西諸島の両生爬虫類（はちゅうるい）などを観察するオフ会にも誘われ、ディープな生き物観察を楽しんだものだ。開設5周年には、初めて「このきなんのき」でオフ会を開催し、掲示板の常連さんら25人が千葉県の鋸山（のこぎりやま）に集まり、樹木の観察と話題で2日間盛り上がった。その後も数年おきに北九州、広島、沖縄などでオフ会を開催でき、今ではフェイスブック上での交流も盛んになりつつある。

「ネットで知り合って会う」というと、怪しげな出会い系サイトを連想する人もいるかもしれないが、実際にはいい年をした健全な大人ばかりで、共通の趣味をもつ人たちが、老若男女（ろうにゃくなんにょ）、地域を問わず気軽に繋がる方法として、既に広く定着していたのである。

こうしてオフ会やインターネット上で知り合ったメンバーは、今も僕が植物観察で行動をともにすることが最も多く、時には専門的なアドバイスをもらったり、時には樹木図鑑に写真を提供してもらったり、時には共著したりと、最高の仲間になっている。大学や学会などの組織に属さない僕にとって、上下関係や各種制約のないインターネットは、植物を学ぶ上での拠点でもあり、樹木鑑定サイト「このきなんのき」は、文字通り僕のライフワークの基盤になっているサイトである。

樹木図鑑を作る

三度目の売り込み

出版社に就職して約2年、僕は会社をやめてフリーになり、「今度こそ自分の樹木図鑑を作ろう」と心に決めた。やるからには大きな出版社から出したいと思い、三大出版社の一角で、図鑑も多く出している小学館に売り込むことにした。2年前にも2社に売り込んでいるから、これで三度目の売り込みだ。何のつてもなく、編集部に直接連絡を取って、バージョンアップさせた樹木図鑑の出版企画を見せた。木を見分けられずに困っている人が大勢いるから、それに応える図鑑を作れば、間違いなく売れると僕は確信していた。

「植物図鑑は売れないから」

初対面で編集者に言われたのは、こんな言葉だった。弱冠25歳の僕にはほとんど実績がなかったし、すんなり企画が通るはずもなかった。結局は、ここでも「うちの仕事を手伝ってくれない?」と言われ、今度はフリー編集者として『NEO(ネオ)魚』という児童向けの魚図鑑の制作を手伝うことになった。魚は大好きだったし、図鑑作りの仕事ができるのは光栄だ。ほかにも、アウトドア雑誌の『ビーパル』や、森林ボランティア向けの実用書などで編集・ライターの仕事をしながら、その間も、事あるごとに僕は自分の樹木図鑑の企画をアピールしていた。

そして、ついにその努力が実り、最初に企画を持ち込んでから約一年後、ようやくゴーサインが出た。樹木図鑑を出版できることになったのだ。

画期的な図鑑を作る

僕が図鑑のコンセプトとして重視したことは、主に次の3点だ。

①葉の形態4項目（葉の形・つき方・縁(ふち)の鋸歯(きょし)の有無・常緑樹か落葉樹か）で調べられる検索機能（検索表）をつけること。

②葉のスキャン画像をフル活用すること。

③専門用語は最低限にし、類似種との見分け方をわかりやすく解説すること。

言ってみれば、僕がバイブルとして活用してきた葉の専門図鑑『検索入門 樹木』（18頁参照）を、一般向けにわかりやすくして、葉以外の写真や解説も盛り込んだ図鑑である。『検索入門 樹木』の検索表では、最大10項目もの検索項目があったが、僕はこれをシンプルに4項目に絞り、あみだくじのような検索表を作成した。この検索表を使えば、小学生でも葉の形から木の名前をほぼ調べられることができるという、画期的なものだ。

解説ページも、この4項目に従って、葉の形が似た木を順に並べることにした。従来の樹木図鑑では科ごとの分類順で並べられることが多かったので、葉が似ていても科が異なれば、まったく違うページに載ることが多かった。けれども、図鑑を引く人の多くは、分類順が知りたいのではなく、よく似た種類と見比べたいのだ。

そして、葉の写真はもちろんスキャン画像を使う。カメラで撮った写真に比べて、僕のスキャン画像の利点は、①全面にピントが合うこと、②実寸大や倍率が正確にわかること、

分裂葉
互生
鋸歯縁
落葉樹 クワ類、スズカケノキ類、フウ類、ハリギリなど (p.154~163 9種)
常緑樹 ヤツデ (p.164~165 1種)
全縁
落葉樹 ダンコウバイ、アカメガシワ、ユリノキなど (p.168~173 6種)
常緑樹 カクレミノ (p.166~167 1種)
対生
鋸歯縁
落葉樹 カエデ類 (p.178~185 11種)
全縁
落葉樹 キリ、イタヤカエデ (p.174~177 2種)

右上／初めて作った図鑑の表紙。左上／検索表の一部。左下／本文。（林将之『フィールド・ガイド22 葉で見わける樹木』小学館、2004）

③同じ光環境でスキャンするので色を忠実に再現できること、④白バックに影が写った自然な立体感のある画像になること、などで、故に本物そっくりの葉の質感を再現できる。
　また、花や実がなくても見分けやすいように、樹形や樹皮の写真をなるべく多く載せたこともこだわりだ。解説文では、しゃべり言葉のような親しみやすい表現で、自己流の覚え方を盛り込んだ。「ぱっと見で」「クヌギの鋸歯は葉緑素ヌキ」といった表現はその代表例で、従来の図鑑にはまずなかった書き方だろう。

図鑑を作り続ける

　こうして、構想から4年、実質的な制作期間は約半年余りをかけて完成した樹木図鑑は、2004年4月に『葉で見わける樹木』というタイトルで小学館から発売された。すぐに順調な売り上げ、いや、版元の予想をいい意味で裏切る絶好調の売れ行きを見せ、2010年に発売した増補改訂版を含めて、売り上げ10万部を超えるベストセラーになった。

　読者からは「今まで見た図鑑の中で断トツでわかりやすい」「バイブルとしていつも持ち歩いている」「新入生（新入社員）全員に買わせている」といった嬉しい感想を次々もらった。僕が学生時代に苦労した経験は、十分に活かされたのだ。

当時も今も、僕が植物の情報発信をする上で信念の一つにしているのが、

「覚えたての人の方が、専門家よりもわかりやすく教えられる」

ということだ。苦労して覚えたばかりの人は、何からどうやって覚えたらいいかを、新鮮な体験として初心者に説明できる。ベテラン＝専門家になってしまうと、そんな初心は忘れてしまうし、相手のニーズよりも、自分の立場や内容の正確性を気にし出すようになり、わかりやすさは軽視されていくものだ。だから僕は、新鮮な初心者の感覚のうちに図鑑を作りたかったし、常に自分は「初心者代表」と思っている。実際に10年以上経って自分が書いた図鑑を読み返すと、「今の自分では絶対書けない表現だなぁ」などと、恥ずかしくも感心する部分が多々あるものだ。

以降は、次々と図鑑制作の話が舞い込むようになった。2年後には、若木(わかぎ)、成木(せいぼく)、老木(ろうぼく)の樹皮を載せた日本初の本格樹皮図鑑『樹皮ハンドブック』(文一総合出版）を出版でき、その後も、親子向けの葉っぱ図鑑、紅葉図鑑、昆虫の食草図鑑、冬芽図鑑、Q＆A形式の図鑑、プロ向けの分厚い図鑑、小学生向け図鑑、スマホ用の葉っぱ図鑑アプリなど、樹木図鑑ばかりをさまざまな切り口で毎年作ってきた。樹木図鑑だけでも、意外といろんな仕

事ができるものだ。

ただ僕は、なぜか草（草本植物）やシダにはあまり興味がわかない。もし僕が草にも興味をもっていたら、樹木の2倍以上の種数があるので、なかなか覚えきれなかっただろうし、スキャン画像も集めきれず、こんなに図鑑を作ることもできなかっただろう。


２０１４年には、念願の沖縄に移住した。亜熱帯の沖縄は、樹木の種類の半分以上が熱帯性のものに置き換わり、とても魅力的な場所だ。そうでありながら、これまで充実した樹木図鑑がなかった。だから、「沖縄の樹木図鑑を作る」ことが表向きの移住目的だ。本音は、昔から海好きで南の島に憧れていたのと、寒いのが嫌いで、暖かい気候と人柄に惹かれていたからだ。そして2年半後には、沖縄のすべての自生樹木を紹介した『琉球の樹木』（大川智史・林将之／文一総合出版）が完成し、次はさらに南に興味が向いている。

沖縄に住むと、九州よりも台湾の方が近いわけで、東南アジアと共通する植物や文化も多いから、狭い日本にこだわる理由が薄れてくる。だから今は、まるで20代の青春18きっぷの旅のように、アジア各国を巡る旅にハマっている。ただ困ったことに、熱帯の樹木をわかりやすく紹介した図鑑が見当たらない。熱帯の樹木を教えてくれる人もいないから、ゼロから試行錯誤しながら、また独学するのだ。

突然ですが、心理テストを行います。

想像して下さい。
あなたは木です。
これから、葉っぱをつけます。
どんな形の葉っぱをつけますか？

あなたがイメージした葉っぱは、次の6つの形のうち、どれにいちばん近いですか？

なめらかな葉

ギザギザがなく
濃い緑色の葉

ギザギザの葉

ギザギザがあり
明るい緑色の葉

大きな葉

広い面をもつ葉

切れ込んだ葉

いくつかの
切れ込みが入った葉

針やウロコ状の葉

針のように細い葉や
ウロコのように小さな葉

はね形の葉

小さな葉が
羽のように並んだ葉

あなたの仕事観は？

シイ

なめらかな葉
大器晩成型

出世は遅いが、地道にコツコツと休まず働き、最終的には社会の上位に立てる人。「カメ」タイプと言える。

ナラ

ギザギザの葉
メリハリ型

働く時はよく働き、休む時はしっかり休み、メリハリをつけられる人。よくも悪くも「ウサギ」タイプと言える。

キリ

大きな葉
破天荒型

独立志向が高く、行動は大胆で早い。逆境にも強い。大胆すぎて破産することもあるが、頂点に立つ能力ももつ。

カエデ

切れ込んだ葉
世渡り上手型

社会に守られた安定した環境を好み、トラブルを避けるのがうまい。子どもっぽい一面もあるが、社交性が高く世渡り上手。

マツ

ヒノキ

針やウロコ状の葉
専門職人型

特殊な分野で高い能力を発揮し、その道のスペシャリストになれる。挫折すると立ち直れないタイプだが、忍耐力は高い。

クルミ

はね形の葉
効率重視型

効率やスピード重視で、器用に仕事をこなせる。長続きしない傾向があるが、得意な分野では成功を収める。

葉っぱの役割は、太陽の光を浴びて光合成（こうごうせい）を行うことです。すなわち、二酸化炭素を吸収し、酸素を排出しながら、生きるための栄養（糖分）を得ることです。葉っぱの形は、いかに光合成を行うか、その戦略や適性を表した形になっていると考えられます。

つまり人間でいえば、いかに食料を得るか、いかにお金を稼ぐか、ということです。

葉っぱの形＝仕事観

それぞれの葉っぱの仕事観と、代表的な樹木の例は、右ページの通りです。

「ギザギザの葉」と「なめらかな葉」は、正統派の仕事をする多数派で、大企業や公務員に向いているでしょう。「切れ込んだ葉」は協調性が高く、女性的な面が強いともいえるかもしれません。対照的に、「大きな葉」や「はね形の葉」は、スピードや個性を重視するエネルギッシュなタイプですが、安定感はありません。「針やウロコ状の葉」は、最も特殊な存在といえますが、社会に役立つ貴重な能力の持ち主でもあります。

ちなみに、僕が選んだのは「はね形」です。小葉がきれいに並び、どことなく爽やかな雰囲気が好きなのです。なるほど、当たっているかもしれません。

と考えることができるでしょう。

これらの葉の形をもつ木を見渡すと、だいたいこのような価値観や生き方を選んだ木が多いと感じます。森林の社会にも人間の社会にも、多数派or少数派、ゆっくり派orスピード派、保守派or革新派など、さまざまなタイプが存在し、競合しながらも、全体としてはうまくバランスがとれているものです。どのタイプの木も人も必要なのです。

なお、この心理テストは、いかなる心理学の専門家の承認を受けることもなく、あるいは占い師に相談することもなく、僕が独断と偏見で勝手に作ったものなので、信用する必要はまったくありません。しかし、僕がこれまで何度か講演会で参加者にこの心理テストをやってもらったところ、概ね8〜9割の人が「当たっていた」と答えてくれたという、驚きの結果が得られました。意外と、人間と樹木は似ているのかもしれません。

いかがでしょう?

あなたの仕事観は当たっていましたか?

ではなぜ、これらの葉の形が、このような仕事観をもつと僕が考えたのか、次章で一緒に見ていきましょう。

第二章 葉の形の意味を考える

シンジュ（倍率33％）

ギザギザのある葉とない葉

どっちが普通？

初めての図鑑『葉で見わける樹木』を作った時、僕は、どんな形の葉が多いかを数えてみた。すると、掲載種２５１種のうち、１６４種（66パーセント）の葉が、切れ込みのない「不分裂葉」であった。いわゆる〝普通の形の葉っぱ〟で、この結果は誰でも想像がつくだろう。

では、縁(ふち)にギザギザがある葉（鋸歯縁(きょしえん)）と、ない葉（全縁(ぜんえん)）は、どっちが多いだろう？

皆さんもぜひ考えてほしい。ギザギザの葉

ギザギザのない葉

ギザギザのある葉

モチノキ
（モチノキ科）

クスノキ
（クスノキ科）

コナラ
（ブナ科）

ケヤキ
（ニレ科）

が普通なのか、なめらかな葉が普通なのか？　針葉樹は葉が小さくてギザギザの有無も不明瞭なので除外し、前掲書の広葉樹だけでカウントしてみた。すると、広葉樹２２７種のうち、ギザギザがある葉は１４６種（64パーセント）、ギザギザがない葉は81種（36パーセント）だった※。何となく予想した通りの結果で、日本で見られる主な広葉樹では、ギザギザのある葉が約３分の２を占めることがわかった。

ところが、だ。それから８年後、僕は『照葉樹ハンドブック』（文一総合出版）という図鑑を作ることになった。これは、よく似た葉が多くて見分けにくいイメージのある照葉樹（日本では常緑広葉樹とほぼ同義）ばかりを載せた図鑑で、当然ながら、暖かい西日本の常緑樹が中心になる。この図鑑では、ギザギザのある葉 or ない葉、互生 or 対生などでグループ分けして、葉っぱを一覧表示しているのだが、葉を並べる作業をしていると、どうもギザギザのない葉が多い気がする。そこで、またギザギザのある葉とない葉をカウントしてみた。すると……。

掲載種１３６種のうち、ギザギザのある葉は57種（42パーセント）、ない葉は79種（58パーセント）で、前回と逆転して、ギザギザがない＝全縁の葉の方が多かったのだ。

「なるほど！」と僕は思った。

というのは、多くの人が「常緑樹は見分けにくい」と印象を抱く一因がわかったからだ。

※単葉、複葉とも対象とし、鋸歯縁と全縁の両方の葉が見られる木は、成木で主に見られる方に含めた。

ギザギザ（鋸歯）の形は、大小や、鋭いか鈍いか、重鋸歯か単鋸歯かなど、樹種によってさまざまな違いがあるので、それが葉っぱの個性になる。しかし、常緑広葉樹では鋸歯がない、すなわち全縁の葉が多いので、個性が乏しくて見分けにくくなってしまう、というわけだ。ついでに言えば、常緑樹は葉が肉厚なので、葉脈が見えにくいことが多く、どの葉ものっぺりした印象があることも、見分けにくく感じる要因だろう。

ギザギザは何のためか？

本題に戻って、なぜ常緑広葉樹には全縁の葉が多いのだろう？　僕も考えてみたが答えはすぐに出ないので、まずは、ギザギザ＝鋸歯の機能が何なのかを考えてみよう。

長野県の高原に泊まった晩夏のある日。

僕は珍しく早朝に起き、朝露に濡れた小径を散歩していた。すると、草むらの中にワレモコウ（バラ科の草本）の葉を見つけた。角ばった鋸歯がよく目立つ、印象的な葉だ。その葉が目に留まったわけは、ギザギザした鋸歯の先すべてに、丸い水滴がついていたからだ。それは、葉についた朝露というより、明らかに鋸歯から出ているように見えた。鋸歯

クワズイモ（サトイモ科）の葉の縁から出た溢泌液。鋸歯はないが水孔はある。

エビヅル（ブドウ科）の鋸歯の先についた溢泌液。

は、水分を排出する機能があったのだ。

　似たような現象は、イチゴ類、バラ類、クワ類、センダングサ類、フキなど、かなり多くの草木の葉で、やはり露の多い朝によく観察できる。鋸歯の先端に「水孔」と呼ばれる穴があり、水孔から水が出る現象は「溢泌」（溢液）と呼ばれている。植物の体内が水分過多になった場合、通常は葉裏にある気孔※から水分を蒸発させる（蒸散）のだが、気温が下がって気孔が閉じる夜間は、水孔から余分な水分など（ミネラルや農薬成分が含まれることも）を排出するというわけだ。

　実際に鋸歯をよく観察してみると、しばしば先端に小さな粒状の物体がついており、腺（液体を分泌する器官）になっ

※気孔：顕微鏡でないと見えないほど小さな開閉式の穴で、気体の出し入れを行う。

ていることがある。クワ類やサクラ類の鋸歯もそうだ。ツツジ類のように、鋸歯はなくても葉の先端が腺になっている場合もある。肉眼で腺を確認できなくても、葉脈の先端が鋸歯の先に達している葉は多いので、鋸歯の先から水分を排出する植物は結構ありそうだ。

ただ、背の高い高木に限れば、鋸歯に水滴がついている印象がない（気づいていないだけか？）。水孔から水分を排出するのは、植物体がすぐに水分で充たされやすい小型の草や低木でよく見られる現象なのかもしれない。また、鋸歯のない全縁の葉でも、溢泌は見られる。たとえば僕は、イヌビワ（クワ科イチジク属）の葉の表面に散らばる点々の組織が何なのか気になっていたのだが、朝露の時に観察してやはりわかった。その点の位置に水滴がついており、溢泌していたのだ。これは多くのイチジク属樹木に共通して見られる。草本だと、サトイモ類、トウモロコシなどでも、葉の縁から水が溢れている様子が観察できる。今まで朝露と思っていた水滴には、植物の葉が出した溢泌液も多く混じっていたのだ。ということで、やはり、鋸歯の機能は水分を排出するだけではなさそうだ。

チョウジザクラの鋸歯は、先端に球状の腺がある様子がよく目立つ（倍率400％）

たとえば、ヒイラギ（モクセイ科）やヒイラギモチ（チャイニーズホーリー／モチノキ科）の場合、若い木の葉の縁には、針のように鋭いトゲ状の鋸歯があることで有名だ。触るととても痛いことからわかるように、このトゲは外敵、特に草食動物から身を守るための鋸歯と思われる。その証拠に、トゲは小さな幼木（ようぼく）ほど多く、樹高2メートルを超える頃から次第に減り、大きな木の高い位置についた葉では、ほとんどトゲがない。しかし、低い位置についた葉にはトゲがあるままだし、枝を切られた場所（食べられた場所）から生えた葉には、やはりトゲがたくさんつく。つまり、シカやウサギなどの草食動物が届かない高さになるとトゲが減り、かじられるとまたトゲが増えるのだ（151頁参照）。

シカが多い森に行くと、トゲが通常より多いヒイラギを見ることができる。そのような木は、決まって樹高や葉が小型化しており、シカに何度も食べられ続けていることが容易に想像できる。シカと樹木のせめぎ合いの結果、ヒイラギは体を小型にしつつも、鋸歯を増やして防御力を高めているのだ。

このように鋸歯を防御にしている例は、僕の見てきた印象だと、カナメモチ類、タラヨウ（別名ノコギリシバ）、モチノキ、リンボク（別名ヒイラギガシ）などにも当てはまるかもしれない。いずれも常緑樹で鋸歯がかなり硬く、特に幼い木では鋸歯が針のように鋭いのだ。

ほかにも、鋸歯の機能と考えられていることがある。鋸歯のギザギザが、葉をとりまく空気の層（葉面境界層）に変化を起こして空気を流れやすくし、それによって気孔が二酸化炭素を取り込みやすくなり、光合成の効率が高まるという説だ。あんな小さなギザギザで、と思うかもしれないが、たとえばナラ類やカバノキ科の鋸歯はかなり明瞭なので、あるとないとでは気流の違いが生じることが十分想像できる。確かにそういう効果もあるのだろう。

こうして考えると、鋸歯はただ一つの機能のために存在するのでなく、複合的な要因が絡んでいると言えそうだ。

植物園などで見られるオオカナメモチ（バラ科）の幼木。堅く鋭い鋸歯がある。

ミズナラ（ブナ科）の葉。粗く大きな鋸歯があることが特徴。

全縁の葉と気温の関係

でもなぜ、暖かい地方の木ほど全縁の葉が多いのだろうか？

実は「全縁率(ぜんえんりつ)」（または全縁葉率(ぜんえんようりつ)）という言葉が存在し、平均気温が高い地域ほど、全縁の葉をもつ植物の割合が増えることが、40年も前の研究※で既に統計的に知られていた。それも漠然とではなく、たとえばその地域の植物全体のうち、「全縁の葉が45パーセントなら平均気温は15度」、「全縁率が3パーセント上がれば平均気温が1度上がる」というように、かなり細かく推測できるらしい。これは化石研究の分野では常識で、太古の地球の気温は、化石で見つかった植物の全縁率や種類で主に推測されてきたというから驚きだ。

ただ、なぜ暖かい土地ほど全縁の葉が多く、寒い地方ほど鋸歯のある葉が多いのか、その理由は今もはっきりとはわかっていないようだ。

これはとても興味深い。前述の説で考えれば、寒い地域ほど落葉樹が多く、葉をつける期間も短いはずなので、光合成効率が重視され、鋸歯をもつ葉が増えると考えることもできる。反対に暖かい地域では、鋸歯の必要性は低いということか。形としては全縁の方が単純なので、コストをかけて鋸歯を作る戦略を選ぶか否かの違いかもしれない。

ともあれ、全縁率と気温の関係がどの程度正確なのか、日本の樹木で実際に検証してみ

※Jack A. Wolfe “A Paleobotanical Interpretation of Tertiary Climates in the Northern Hemisphere” (American Scientist, 1978)

よう。北海道から沖縄までを10の地方に分け、各地方に自生する広葉樹のうち、全緑の葉をもつ種の割合＝全緑率を算出してみた。それが左のグラフだ。

どうだろう。全緑率が最も低い北海道から、断トツで高い沖縄に向かって、見事にきれいな増加を描いている！　比較用に算出した伊豆諸島が、本州と沖縄の中間ぐらいの値を示したのも期待通りだ。関東地方〜九州は、どの地方もそれなりに高い山と暖かい海辺があるので、全緑率の差がさほど顕著ではないが、もっと小さな単位、たとえば都道府県や市町村で算出すると、より鮮明な違いが出ると思う（ただし、二次林（にじりん）※や針葉樹が多い林だと誤差が大きくなるらしい）。

なお、全緑率から年平均気温を算出する式は左下に示した通りで、驚くほどシンプルだ。これで計算した年平均気温の推測値をグラフの右側に記した。その隣りに記した、気象庁観測の年平均気温（1981〜2010年）の実測値と比べると、札幌、盛岡、長野あたりはピタリと当たっているではないか！　なお、東京の実測値は15・4度、大阪は16・9度、福岡は17・0度で、これらの大都市は暖かい海辺にあるのと、近年の急激な温暖化もあって誤差が大きくなるが、全体的にはほぼ当たっていると言えるだろう。

すなわち、暖かい地域に住んでいる人ほど、本章冒頭の質問で「全緑の葉の方が多い」と思ったはずだ。あなたの地域の全緑率は、何パーセントだろう？

※二次林：成熟した自然林ではなく、伐採や自然災害などで森林が破壊された後に、二次的に成立した比較的若い林。

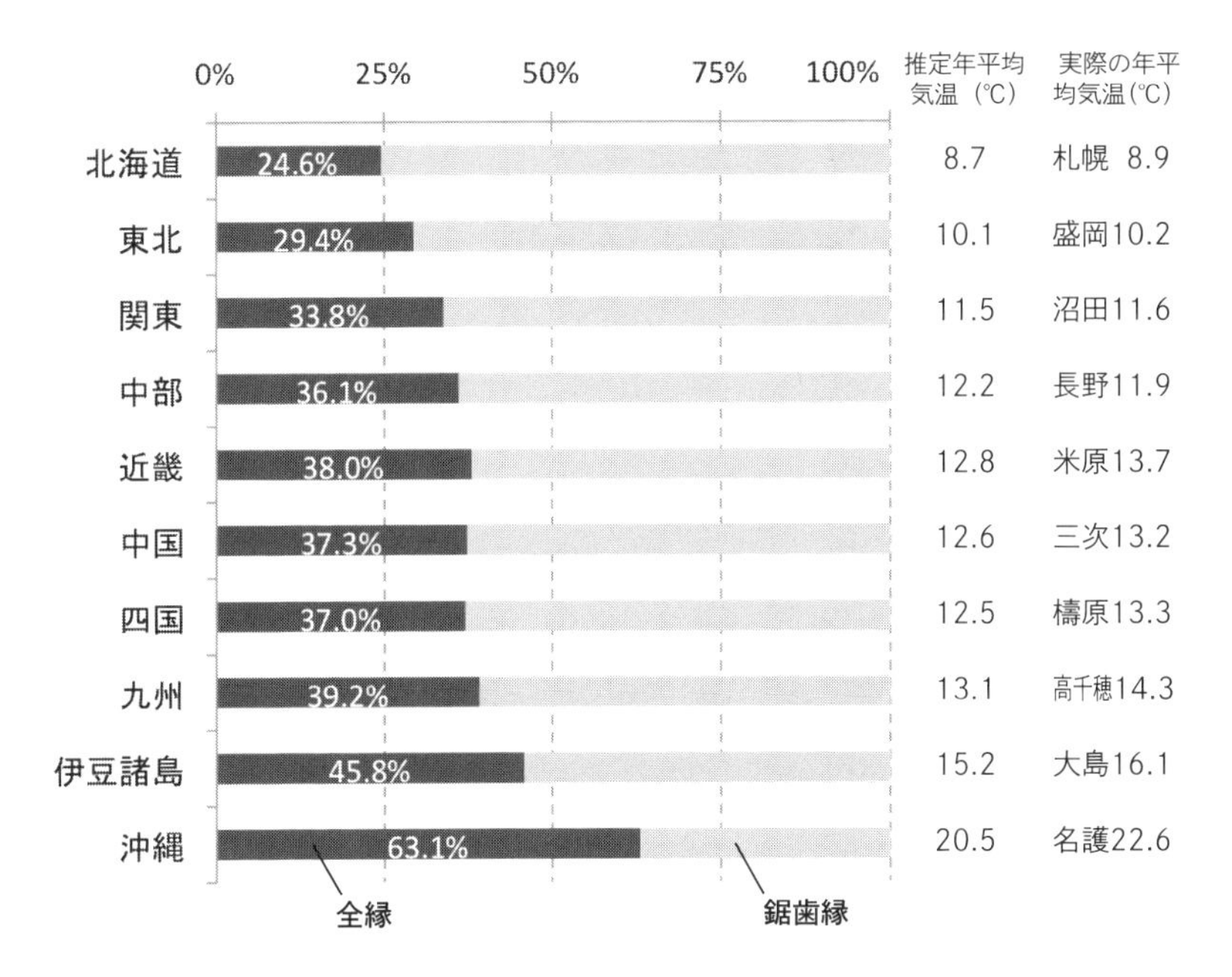

各地方に自生するほぼすべての広葉樹のうち、全縁の葉をもつ種の割合（全縁率）を調べた。広葉樹の総種数は947種。全縁率より算出した推定年平均気温と、それに近い代表地点の実際の年平均気温を右に記した。（著者のデータベースより作成。年平均気温は気象庁webサイトによる1981-2010年の値）

$$\text{年平均気温} = 0.306 \times \text{全縁率} + 1.141$$

（Wing and Greenwood, 1993より）

切れ込みのある葉とない葉

歳をとると丸くなる？

初心者向けの樹木観察会では、クワ（ヤマグワ、マグワ）の木はもってこいだ。

高さ2メートル前後の若木では、3つに切れ込む葉（分裂葉）が多い。ところが、高さ5メートルを超える大きな木では、大半が切れ込まない葉（不分裂葉）になるし、逆に高さ1メートル前後の幼木では、深く複雑に切れ込んだ葉が多い。どれも同じクワの葉の変異であり、歳をとるほど丸くなる様子に、皆が驚きの声をあげてくれる。

でも、「なぜ、こんなに葉の形が違うので

明るい道端で、深く切れ込む葉をつけたヤマグワの幼木。

すか？」と問われて、明瞭に答えてくれる講師は少ないだろう。「植物の形は多様なのです」とはぐらかすのが無難だが、「はっきり解明されていません」という回答が妥当かもしれない。とはいえ、観察会の講師を務めるぐらいなら、自分なりの考えをもちたいものだ。

分裂葉をもつ木をよく観察すると、クワと同様に、幼木ほど葉が切れ込み、成木ほど不分裂葉が増えるパターンの木が結構多いことに気づく。同じクワ科のコウゾやカジノキ、ウコギ科のカクレミノやキヅタ、トウダイグサ科のアカメガシワやアブラギリ、ムクロジ科のウリカエデ、クスノハカエデ、バラ科のキイチゴ類、ブドウ科などである。おそらく木が小さい時に、葉が切れ込むメリットがあるのだろう。ではなぜか？

僕も自分では答えが見出せず、疑問だった。

ある日、僕のホームページ「このきなんのき」の掲示板で、カクレミノの幼木が投稿されたことがきっかけで、葉が切れ込む理由について議論になったことがある。その時に、掲示板の常連さんに教えてもらった説が、「暗い林内では、切れ込みのある葉の方が、重なり合う下の葉にも光を当てることができ、ちらつく木漏れ日を効率的に拾って光合成を行うことができる」というものだった。確かにカクレミノの場合、切れ込みのある葉は暗く低い場所で見られ、切れ込みがない葉は明るく高い場所に多い傾向がある。それに、ヤツデなどを見ると、葉が重なり合う時に切れ込みがあった方がいいのも、何となく理解できる。「光」と「光合成」が切れ込みに関係しているのは確かだろう。ただ、クワやノブドウなどの幼い木は、明るい場所で葉を重ねることなく、深く切れ込んだ葉をつけることも多いので、この説だけでは切れ込みの理由を説明できない。

暗い林内に生えるヤツデ。切れ込みがあるから葉が重なり合っても光合成できるのか。

風を通すための切れ込み

それからしばらくして、ある研究結果を教えてもらった。それは、「葉に切れ込みがあると、葉の周囲の空気が流れやすくなり、光合成に必要な二酸化炭素を取り込みやすくなる」という内容だったと記憶している※。わずかな気流の変化で光合成の効率が変わるとは驚きでもあるが、考えてみると、主に葉裏に点在する微細な穴（気孔）から二酸化炭素を吸収する樹木にとって、切れ込みの有無は大きな違いであり、この説には強く納得でき

※鋸歯が気流の変化を起こすのと同じ理屈だが、分裂葉の割合を地方別に調べても、概ね12〜14％で相関はなかった。ただし沖縄は分裂葉が5％と極めて少ない。

た。暗いか明るいか、幼木か成木かにかかわらず、低い位置は風が抜けにくいので、幼木でもひこばえ（幹の根元から生えた枝）でも切れ込む葉が多く、風がよく抜ける樹冠上部では、切れ込みがなくなることが、どれも腑に落ちたからだ。

考えてみると、インテリアの絵柄によく使われるモンステラ（サトイモ科のつる植物）も、なぜ葉に穴が開いているのかひどく不思議に思っていたが、ジメジメした熱帯雨林内で長さ50センチ以上の大きな葉を茂らすことを想像すると、空気の通りをよくするための工夫だったと解釈すれば、すんなり納得できるものだ。これは二酸化炭素の吸収だけでなく、気孔から水分を蒸発させる蒸散のスピードを上げられることも関係しているだろう。

ただし、モンステラのように大型の葉をもつ植物の場合は、切れ込みの理由は気孔のガス交換だけではないだろう。強風を受けて葉が破れたりするのを防ぐために、切れ込みが風を逃がす役割を果たしているとも考えられる。たとえば、同じサトイモ科の熱帯つる植物であるポトスは、斑入りのハート形の葉をつける観葉植物としてお馴染みだが、野生の

モンステラ（ホウライショウ／熱帯アメリカ原産）。地際に出た葉も大型で穴が開く。

個体は高さ15メートルも木に登って、50センチにも達する巨大な葉をつけ、その葉にはモンステラ同様に多くの切れ込みが入り、穴が開くこともある。沖縄や熱帯地方の野生化した巨大ポトスを見れば、観葉植物を見慣れた人は仰天するだろうが、その切れ込みが風を逃がす機能があることも理解できるだろう。台風後に樹上のポトスの葉を観察すると、強風でビリビリに裂けたのか、最初から切れ込みがあったのか、もはや区別不可能だ。熱帯は台風やサイクロン、ハリケーンなどで強風が発生しやすい場所でもある。

少し形は違うが、手のひら状や羽状に裂けるヤシ類や、大型の掌状複葉(しょうじょうふくよう)（90頁参照）であるトチノキの葉も、風を逃がす機能があるだろう。もしこれらが切れ込みのない大きな

ココヤシの葉。ヤシ類は台風でも滅多に倒れず、強風に非常に強い木といえる。

木に登ったポトス（オウゴンカズラ／太平洋諸島原産）。大型葉は切れ込みや穴がある。

面状の葉だったら、強風を受けて大きなダメージを受けかねない。バナナやバショウ、タビビトノキなどの場合は、もともと葉に切れ込みはないが、風を受けて葉が多少切れ込むことがむしろ普通で、これも風を逃がすための仕組みといえるだろう。

それ以外の可能性

クワとは別のパターンで、分裂葉と不分裂葉が交じる木もある。ダンコウバイやシロモジ、ズミ、オヒョウなどがそうだ。これらの樹種は、樹齢や日照、強風におそらく関係なく、同じ枝に分裂葉と不分裂葉が見られることが多い。大型の葉ほど切れ込むことが多く、枝の基部に小型の不分裂葉がよく見られる傾

風で切れ込んだバナナの葉と、切れ込む前の葉（右上）。

ダンコウバイの葉
（クスノキ科の落葉低木）

向を考慮すると、枝葉のすき間を小型の不分裂葉で埋めたようにも見えるし、大型の葉だけは空気の通りをよくするために切れ込みを入れたのかもしれない。

見方を変えれば、限られたコストで、一定の強度を維持しつつ、なるべく広い面積に葉を広げようとした時に、一番外側の葉は浅く切れ込んだ、と考えられなくもない。僕がそう思ったのは、カクレミノの枝葉を真上から見た時だ。下の写真のように、枝の中心から不分裂葉が放射状に広がり、最も外側に3裂した大きな葉が多いことがわかる。この枝葉全体のシルエットが、「こうもり傘」を連想させたからだ。ただ、この仮説は単なる思いつきで、今のところ信憑性(しんぴょうせい)は低い。

カクレミノの成木の葉を上から見たところ。

これら以外に、ほぼ分裂葉だけをつける木ももちろんたくさんある。日本産種でいえば、カエデ類、キイチゴ類、ブドウ類、ハリギリ、ヤツデ、ハリブキ、ウリノキ、アオギリ、カンボクなどだ。これらの樹種を見渡すと、ハリギリやアオギリ、カエデ類の一部を除け

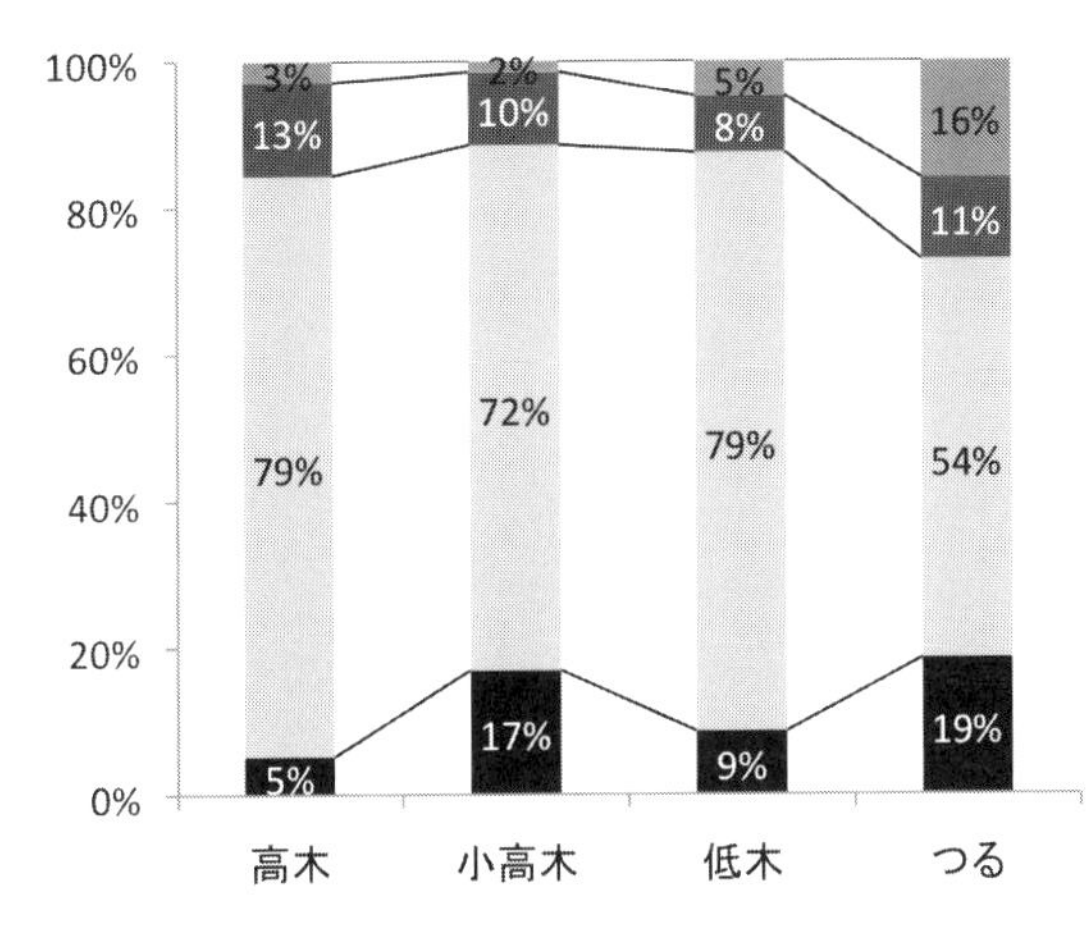

北海道〜九州産の広葉樹671種を高木（樹高10m以上）、小高木（4〜10m）、低木（4m以下）、つる植物に区分し、葉形で4タイプに分けて割合を比較した（筆者データベースより作成）

ば、林の最上部（林冠）に達しない木やつる植物が中心で、森林の階層構造※でいえば亜高木層や低木層に葉を広げる木が多いことに気づく（上のグラフ参照）。とすればやはり、これらの葉の切れ込みは強風対策というより、風の少ない林内や地際で、空気を流れやすくしたり、あるいは重なり合う下の葉にも光を当てることが主目的なのかもしれない。特に林内にひっそりと枝葉を広げるカエデ類などは、他種との争いを避けて、林の中でうまく調和する生き方を選んだ木のようにも見えてくる。

いずれにしても、今は遺伝子や植物ホルモンが葉の形に及ぼす影響も研究されており、より明快な答えが科学的にわかるかもしれない。推論することを楽しみつつ、研究の進展も楽しみにしたい。

※森林の階層構造：森林を構成する植物を、生育する高さによって階層に分ける考え方。高木層、亜高木層、低木層、草本層、コケ層など。

羽状複葉の戦略

羽状複葉はどこで見られるか

樹木を観察し始めた時に、多くの人がその見分けに悩むのが羽状複葉だ。文字通り、複数の小さな葉（小葉）が葉軸に羽のように並んで1枚の葉を構成する形だが、小型の単葉（不分裂葉）が枝に並んでいるようにも見え、樹木初心者には両者の区別が難しい。芽のつく位置を確認すれば確実に区別できるし、少し見慣れれば遠目にも区別できるようになる。けれども、「なぜ羽状複葉という形があるのか？」という疑問を、僕も木を観察し始めてすぐに抱いた。

小さな単葉が並ぶニシキギ（左）と羽状複葉のニワトコ（右）。芽は枝につき、羽状複葉の軸にはつかないので、葉の基部に芽があるか否かで、単葉と羽状複葉を見分けられる。

初めて樹木図鑑を作る時に、羽状複葉をつける木をリストアップしてみた。ニワトコ、ゴンズイ、ニガキ、ウルシ科、マメ科、クルミ科、サンショウ属、バラ属、ナナカマド属、トネリコ属などがその代表だ。これらの樹種を見渡すと、共通する特徴に気づく。ほとんどが落葉樹なのだ（グラフ参照）。常緑樹といえば、中国原産のナンテンやヒイラギナンテン、それにオーストラリア原産のアカシア類などで、日本産樹木に限れば、庭木に人気のシマトネリコ（沖縄に分布）と、珍しい低木のフユザンショウぐらい。それ以外はすべて落葉樹なのである。

では、北国の落葉樹林は羽状複葉だらけなのかといえば、そんなことはない。ナラ、ブナ、クリ、シデ、ケヤキなど、落葉樹林の中

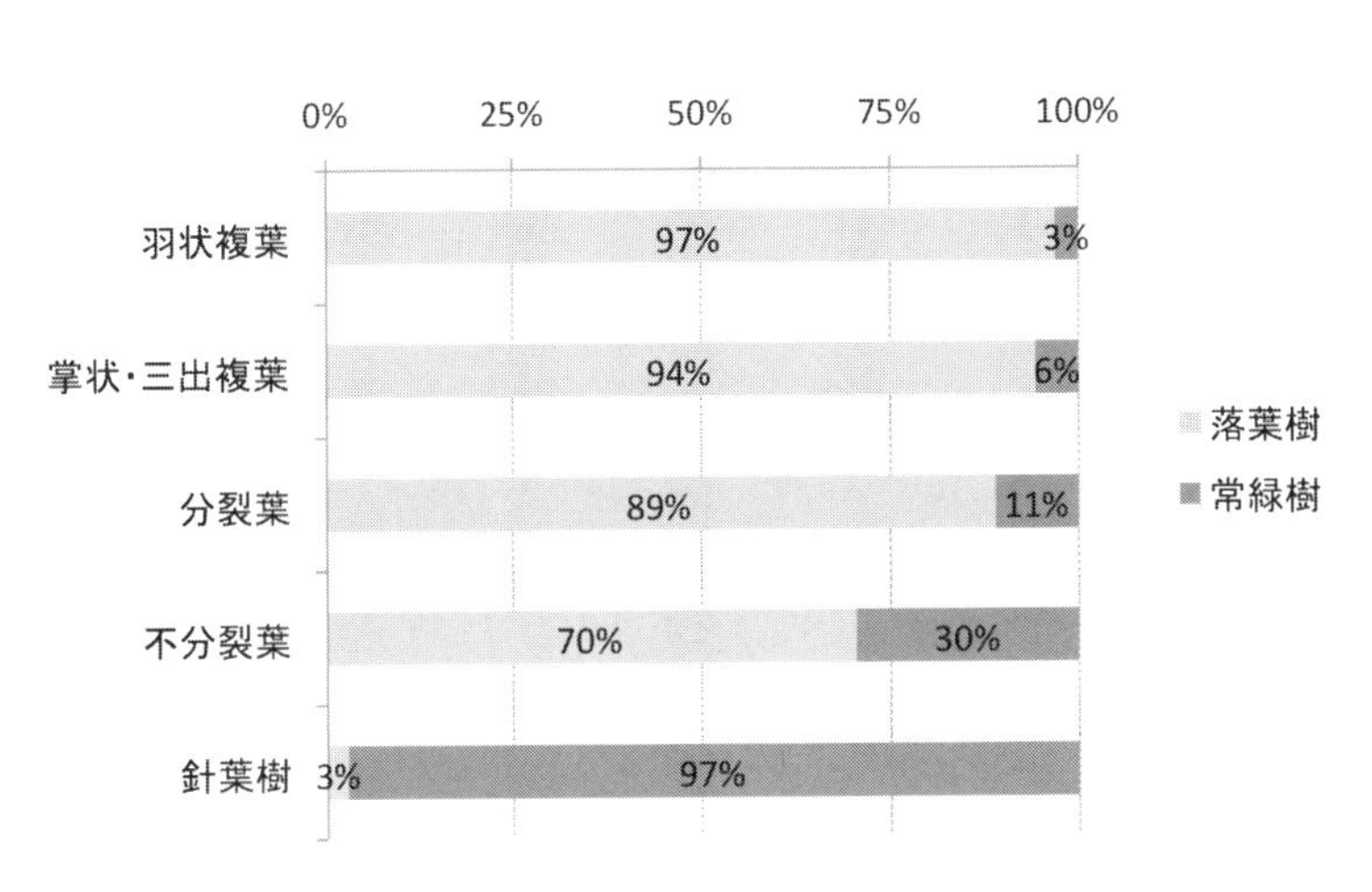

北海道〜九州産の樹木707種を葉形で５タイプに分け、落葉樹と常緑樹の割合を比較した。複葉は落葉樹に多く、針葉樹は常緑樹が多いことが明らか。（筆者データベースより）

心となる林冠構成種は、大半が単葉（不分裂葉）である。羽状複葉の木が比較的多く見られるのは、林縁や伐採跡地の若い林（ヌルデ、ヤマウルシ、ハゼノキ、ネムノキ、カラスザンショウ、タラノキ、ニワトコ、クサイチゴ、ノイバラ、フジなど）や、渓谷林（サワグルミ、オニグルミ、ヤチダモ、シオジ、キハダなど）、それに高山の低木林（ナナカマド、ウラジロナナカマドなど）である。すなわち、いずれも伐採されたり地面が崩れたりすることの多い明るい場所で、成長のスピードが求められる環境であることがわかる。つまり、「羽状複葉は成長スピードを速める上で有利」と推測できる。

その裏付けの一つとして、日本での野生化が著しい外来樹木の双璧ともいえるニセアカシア（ハリエンジュ）とシンジュ（ニワウルシ）は、いずれも羽状複葉をもつ生育力旺盛な陽樹（明るい場所でよく育つ木）だ。

プランターでの観察

僕が羽状複葉の有利性を実感したのは、ベランダのプランターがきっかけだった。

20代後半の頃、僕は森に行く度に果実やタネを持ち帰ってはスキャンし、ベランダのプランターにそれをばら播いていた。植物の栽培はまったくもって苦手なのだが、放っておいても勝手に芽が生えてくるものだ。イロハモミジ、ケヤキ、テイカカズラ、変わったものではハマナツメも発芽していた。

ある日、そこにフジのタネを播いてみた。その何日か後、僕はあっと驚かされた。フジは発芽するや否や、長い葉軸をもった羽状複葉を伸ばし、ほかの幼木の上に覆い被さるように大きく広げたのだ。一ヵ月以上も前から発芽していたほかの小さな幼木を、ほんの数日でいとも簡単に追い抜き、日光を独占したのだ。

しかも、朝は朝日の方向を向いていた羽状複葉は、昼には上を向き、夕方には夕日の方向を向いている。葉柄（葉の柄）のつけ根にある葉枕と呼ばれる膨らみを使って、巧みに葉の角度を調節し、日光を効率的に受けて光

いろんな幼木が生えていたプランターを、フジの羽状複葉が一気に覆った。

合成を行っていたのである。
フジのタネは直径1センチほどのおはじきのような形で、比較的大きいので、初期成長が速いのは当然だろう。しかし、羽状複葉ならではの、広い面積に一挙に葉を展開するスピードと、それらの角度調節を一斉に行う機動力と戦略は、小さな単葉を枝に多数並べるよりも、明らかに優れていると言わざるを得ない。なぜなら、何年も長持ちする「枝」をつくるには、堅く丈夫にする必要があるので、コストも時間もかかるのに対し、羽状複葉の葉軸は冬には枯れ落ちる、いわば「使い捨ての枝」なので、低コストで速くつくれる。また、羽状複葉と同サイズの大きな単葉をつくることに比べても、耐風性、軽量化、二酸化炭素の取り込みやすさなどで、羽状複葉の方が勝る点は多いのだろう。

羽状複葉は成長スピードを速めるための形態とわかれば、常緑樹で羽状複葉がほとんど見られない理由も自ずとわかる。そもそも常緑樹は、生育に不適な冬も休眠せずに、地道にゆっくり成長する戦略を選択した樹木であり、そのための厚く丈夫な葉を、時間とコストをかけてつくる。すなわち、最初から成長スピードを重視していない樹木なのである。

所変われば葉も変わる

しかし、これらはあくまで四季のある日本（温帯）での話。熱帯雨林ではほぼすべての木が常緑樹なので、当然ながら常緑樹同士の成長スピードの競争が激しくなり、羽状複葉をもつ常緑樹も結構見られるのだが、初めて熱帯雨林を訪れた時、僕は軽い混乱に陥った。

マレーシアに行き、熱帯雨林や街中の木を観察してみると、あれれ？　単葉か羽状複葉か見分けにくい木がたくさんあるではないか。まるで自分が樹木初心者に戻ってしまったかのような焦(あせ)りを感じてしまった。なぜだろう？

一年じゅう温暖で雨も多い熱帯多雨気候では、明瞭な冬も乾季もないので、植物が休眠する必要がなく、日本の樹木のようにはっきりした芽（休眠芽(きゅうみんが)）が形成されにくいことが、大きな理由だろう。加えて、熱帯では常緑樹でも葉の寿命が3ヵ月〜1年程度のものが多いといわれ、「常緑樹は葉が厚くて硬くて色が濃い」という概念は当てはまら

マレーシアの海岸林で出会った木。これが羽状複葉の一部なのか、枝に多数ついた単葉なのか、その場では判断できなかった。帰国後に調べてみると、どうやらトンカットアリ（Eurycoma longifolia）と呼ばれる男性精力剤に使われる羽状複葉の常緑樹のようだ。

ない。その一方で、羽状複葉の葉軸が枝のように堅く茶色くなっている葉もいくつも見かけた。気候や植物の生活環が異なると、単葉と複葉の区別という基本的なことでさえ、わからなくなるものだと痛感した。

常緑樹と落葉樹

常緑樹と落葉樹の意義についてもそうだ。暖かい地方は常緑樹、寒い地方は落葉樹が多いと単純に考えがちだが、北海道などの亜寒帯では常緑の針葉樹が多い。寒くて夏が短い場所では、葉を毎年つくり替えることにエネルギーを注ぐよりも、小さくても丈夫で冬越しできる常緑の葉をつけた方が効率がいいのだろう。温暖だが雨季と乾季が明瞭なサバナ気候（アジアでいえばタイ北部〜カンボジア、インド、インドネシア東部など）では、乾季に落葉する落葉樹（雨緑樹（うりょくじゅ））が普通に見られる。

ドイ・インタノン山中腹の落葉広葉樹林（標高1200m・3月）。雨季に葉がつく雨緑林で、乾燥フタバガキ林とも呼ばれ、乾季は大半の木が落葉して山火事も頻発する。

僕が3月に訪れたタイの最高峰ドイ・インタノン山（標高2565メートル）では、山麓はガジュマルと同じクワ科イチジク属の木が多い常緑樹林（熱帯雨林）が広がるが、標高千メートルを超えた中腹はフタバガキを主体とした落葉樹林（雨緑樹林）が広がり、ちょうど乾季（11〜5月）だったため、茶色い冬枯れ状態になっていた（右頁写真）。ところが、標高1600メートルあたりから山頂までは、ヒメツバキやカシ類を中心とした常緑樹林がまた広がるのだ（下写真）。そこは雲霧林と呼ばれ、標高が高く雲が発生しやすいため、水分が豊富な上に、決して雪は降らない熱帯エリアなので、常緑広葉樹が生育できる。気温ではなく降水量で左右される森の劇的な変化は、日本ではほとんど見られないので、大きな衝撃を受けたものだ。

だから、日本だけを見ていては、木の姿、葉の形の意味を解明しにくいし、世界のさまざまな環境で木を観察して考えるのが楽しいのである。

ドイ・インタノン山頂付近の常緑広葉樹林（標高2400m 3月）。雲霧林と呼ばれ、5〜10月の雨季は長く雲に覆われる。沖縄のイジュや小笠原のヒメツバキと同じ種が優占する。

対生と互生

2種類の葉のつき方

木を見分ける上で、意外に重要なのが葉のつき方（葉序）だ。木の葉のつき方は、1枚ずつ互い違いにつく互生と、2枚が対につく対生に大きく分けられる。互生か対生かは、科や属ごとに概ね決まっているので、木の名前を調べる際に大きなヒントになる。

いろいろな木を観察してみると、対生より互生の方がずっと多いことに気づくだろう。ナラ、カシ、サクラ、ケヤキ、シデ、タブノキなど、林冠を構成する高木の大半は互生だ。一方で、対生の木はモミジ、アジサイ、ウツ

山地の谷沿いに生えるサワシバ（カバノキ科クマシデ属）とチドリノキ（ムクロジ科カエデ属）は、葉の形こそそっくりだが、葉序を見れば一目瞭然で区別できる。

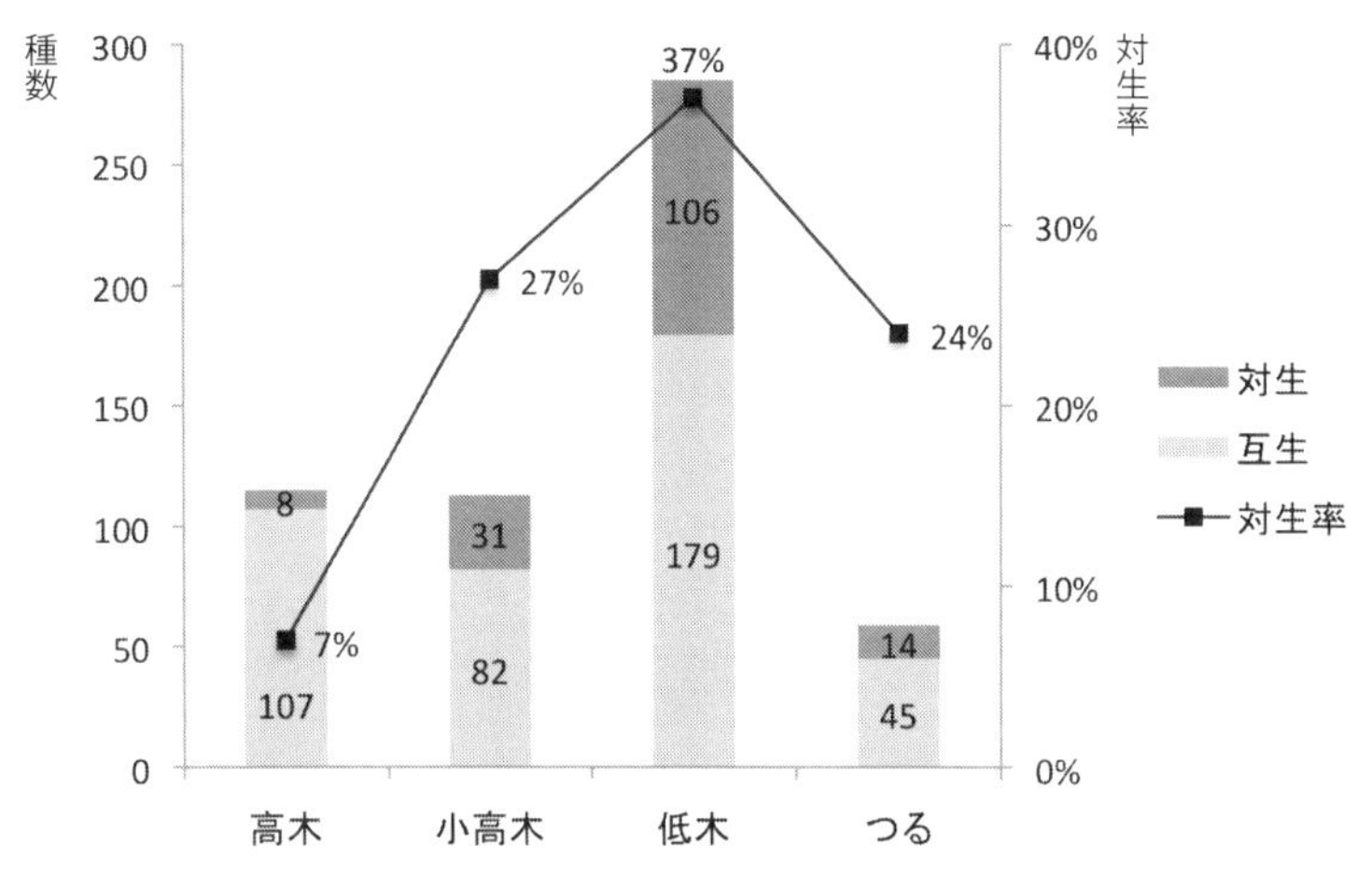

単葉をもつ北海道〜九州産の広葉樹636種を、高木（概ね樹高8m以上）、小高木（同4〜8m）、低木（同4m以下）、つる植物に区分し、互生と対生の種数を比較した。折れ線は全種数に対する対生する種の割合＝対生率を表す。（筆者データベースより作成）

ギ、ニシキギ、ネズミモチ、クチナシなど、低木や小高木に多い印象がある。対生で明らかな高木になる木といえば、クマノミズキやイタヤカエデなど、あとは羽状複葉のトネリコ属やキハダぐらいだろうか。

ここでは、葉序を比較しやすい単葉（90頁参照）に絞り、日本産広葉樹で互生と対生の比率、いわば「対生率」を調べてみた。すると、全体では29パーセントの木が対生だった。高木に限れば、対生率は7パーセントしかなく、小高木では27パーセント、低木では37パーセントと、やはり背の低い木ほど対生率が高いのがわかる。なぜだろうか？

ウツギ類はなぜ対生の低木が多い？

僕が以前から気になっていたのは、「ウツギ」と名のつく木に対生するものが多いことだ。一言に「ウツギ」と言っても、アジサイ科のウツギ類、ガクウツギ類、ノリウツギ、バイカウツギ、スイカズラ科のタニウツギ類、ツクバネウツギ類をはじめ、フジウツギ（ゴマノハグサ科）、ミツバウツギ（ミツバウツギ科）、ドクウツギ（ドクウツギ科）、コゴメウツギ（バラ科）など、ざっと6科20種余りが日本で普通に見られるのだが、そのうちコゴメウツギとカナウツギ以外はすべて葉が対生する低木なのだ。

ウツギは漢字で「空木」と書くように、枝の内部が空洞になる木を指す名称で、同じ仲間とは限らない。つまり、空洞の枝、低木という条件が、対生と何か関係しているのでは？と推測できる。

そもそも、なぜ枝が空洞になるのか？

実際にウツギ類の枝を折ってみると、枝先の若い枝は中身が詰まっていることが多く、2年目以降の堅い枝は空洞になっていることが多い。これは、強度と低コストを両立していると思われる。外周がある程度丈夫になった枝では、中身を空にして材料を節約すれば、その分、別の部位の成長に充てることができる。たとえば工事現場の足場に使う鉄パイプや、コンクリートブロックだって中身が空洞だ。いずれも中を充満させればもっと強度を高められるが、材料費がかかるし、重くなるし、そこまでの強度を必要としない。つまりウツギ類は、多少強度を落としてでも、成長速度や枝葉を広げることを重視する戦略なのだろう。一方で高木の場合は、木自体の重量や強風に耐えるためには、枝や幹が空洞だと強度が足りないので、中身を充満させることが必須と考えられる。これで「ウツギ」と名のつく木が低木に多いことがわかってきた。

では、なぜウツギ類には対生が多いのか?

ウツギ類の枝を、縦に長く切って断面を見てみよう。すると、どの木でも全体が空洞なのではなく、葉や枝がつく部分(節)では空洞が閉じ、節ごとに部屋が区切られていることがわかる。これは、おそらく枝葉の中を水や養分が行き来するために必要な生理的構造でもあり、

空洞になったムラサキシキブの枝。ムラサキシキブもやはり対生で低木。

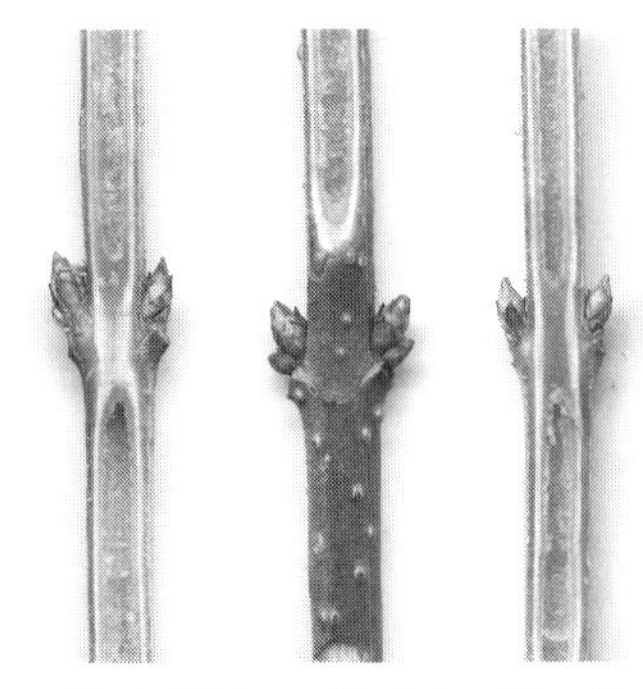

レンギョウ(別名レンギョウウツギ)の枝の断面。葉がつく部分は空洞が閉じる。

枝の強度を高める構造にもなっていると推測できる。よく似た構造がタケ（竹）で見られるが、節があるから幹（正確には稈）の強度を保てるわけで、節がまったくなければ、ストローのように途中でペコッと折れてしまうだろう。

つまり、適度に長い空洞を作りながら、節ごとに葉をつけるなら、そこに葉を1枚だけつける（互生）よりも、2枚（稀に3〜4枚）つけた方が効率的なのだろう。これが、枝が空洞な木に、葉が対生するものが多い理由と言えそうだ。

互生する葉

さて、図鑑を作る上で、典型的な葉を1枚を選ぶという作業は結構難しいものだ。左ページの枝を見てほしい。これらの葉の中で、最も典型的な形をした葉はどれだろうか？

枝先の葉は細いし、つけ根側の葉は小さいし、枝先から2枚目は少しゆがんでいるから、3枚目の葉がいい形をしているように感じる。が、ほかの葉は典型ではないとか、未熟とかいうわけではなく、枝のどの位置につくかによって、葉の形が異なるのが当たり前なのである。このコウヤミズキのように、葉が平面的にほぼ等間隔で互生する木の場合、樹種に関係なく、枝先につく葉は細い（または大きい）ことが多く、枝のつけ根につく葉は小さく丸いことが多い。

その理由は、葉の並び方やアウトラインを眺めているとわかってくる。そう、枝全体で葉が重ならないように一つの面を作り、日光をすき間なく受け止めており、そのために一枚一枚の葉の形が異なるのである。人間社会にも同じことが言えるだろう。大きいことや整っていることだけが優れているのではなく、どんな形にも役割があるのだ。

このように、すき間を大小の葉で埋めていくことを優先した場合、1ヵ所から2枚の葉が出る対生よりも、互生の方が臨機応変に対応できることがわかる。事実、対生する木では、互生の木に比べて葉と葉のすき間が空いている傾向が強いと感じる。何を優先するかで、葉の形もつき方も変わるのだろう。

コウヤミズキ
西日本の岩場に生える、マンサク科トサミズキ属の小高木。

不分裂葉の形

普通の形の葉

樹木の葉は、枝葉全体で面を作って日光を効率的に受け止めていることに気づくと、いろんな葉の形の意味がわかってくる。

たとえば、左右非対称のゆがんだ葉の形が特徴のアキニレ。１枚の葉だけを眺めると、なんでこんなにゆがんでいるのかと怪訝（けげん）に思うが、複数の葉がついた小枝を眺めると……なるほど、この形が隣り合う葉のすき間をうまく埋めていることがわかり、個々の葉がゆがんでいることに違和感を感じなくなるものだ。ちなみにこの〝ゆがみ〟は、羽状複葉の

イヌシデ
（カバノキ科）

アキニレ
（ニレ科）

小葉にも同様に見られる傾向である。

一方で、アジサイ、カシ、シデのように、多くの不分裂葉はほぼ左右対称の形をしている。葉の幅は、ほぼ中央か少し基部寄りで最大になる、いわゆる〝普通の形〟の葉（楕円形〜卵形）である。例として、右のイヌシデの枝葉を眺めてみると、やはりきれいに面を作っているし、枝がジグザグしていることもそれに関係しているように思える。

留意しておきたいのは、どんな樹種でも、林内など薄暗い場所では、上方からの木漏れ日を受けるために枝葉を水平面に広げることが多く、開けた日なたでは、多方向からの強い日光に対応して、葉が垂れ下がってついたり、葉面（ようめん）が反ったり、枝葉が立体的（らせん状）につく場合が多いことだ。

倒卵形の葉

では、コナラ、タブノキ、トベラのように、葉先に近い部分で幅が最大になる形（倒卵形（とうらんけい））は、どういう意味があるのだろう？

日光を意識して下の写真を見ればすぐに気

トベラの葉。ヘラ形の葉が枝先に車輪状につくことで、すき間の少ない面をつくる。

づくだろう。枝先に葉が集まってつくのだ。多数の葉を放射状に丸く並べて面をつくる場合、必然的に葉のつけ根が細く、葉先で広がった葉の形が最適となる。マテバシイ、ヤマモモ、モッコク、ジンチョウゲ、ビワ、リョウブ、ホオノキなども同様だ。

一方、コブシ、モクレン、カマツカ、コクサギの葉も倒卵形だが、枝先に葉が集まる印象があまりない。これらは短枝（たんし）（通常より短く節が狭まった枝）が発達しやすく、短枝の先に4〜5枚前後の葉が近接してつくので、倒卵形をしていると考えられる。

いずれにしても、倒卵形は、枝に面状に集まってつく葉に多い形なのだ。この原則に気づいて、一つ謎が解けたことがある。

クヌギの葉は、成木では単純な細長い形だが、幼木や切り株から生えた枝（萌芽枝（ほうがし））では、ヒョウタンのように葉先が広がった葉がよく現れる。なぜこんな形が現れるのか、以前から不思議に思っていた。葉の形の意味を考えながら散策していたある日、公園の隅の明るいヤブで、クヌギの幼い株を見つけた。するとどうだろう、ヒョウタン形の葉を並べて、面をつくっていたのだ。これはクヌギの成木には見られない葉のつけ方である。つまり、雑木林の中でも樹高が高く突出しやすいクヌギの成木は、さまざまな角度から当たる日光を立体的に受け止める葉のつき方なのに対し、幼木ではほぼ真上から当たる日光を面状に受け止める方針をとっており、葉の形とつき方を変化させていると考えられそうだ。

この推論が科学的に正しいか、誰かが実証しているかは別として、自分の中で長年疑問だったことが解けて、自分なりに納得したので、僕は心躍るように帰途についたのであった。

不分裂葉という用語

余談になるが、本章で何度も登場する「不分裂葉」という、聞き慣れない用語について説明しておこう。

僕が初めて樹木図鑑を作っていた時のこと。葉の形で木の名前を調べられる検索を作り始めた時に、問題が生じた。サクラのように切

成木のクヌギは、細長い葉をさまざまな角度でつけ、面をつくらずに立体的になる。

幼いクヌギは、ヒョウタン形の葉を平面に並べて、ほぼ真上を向いている。

れ込みのない葉と、モミジのように切れ込みのある葉を区分する際に、後者は「分裂葉」という専門用語があるのだが、前者を指す専門用語が見当たらないのだ。切れ込みがあろうとなかろうと、葉身（葉の本体）が一つの面からなるものを「単葉」と呼ぶ。しかし、切れ込みがない単葉だけを指す用語は、さまざまな図鑑や用語辞典をあさっても、大学の先生に聞いても見つからない。前者を「単葉」、後者を「単葉（分裂葉）」と表記した図鑑はあるが、これでは非合理的である。どうやら、最も一般的な葉の形を指す用語が、植物学の分野には抜け落ちていたようなのである。

「普通葉」「舟形葉」「無裂葉」など、いくつかの造語を考えてみた。けれども、「普通葉」は既に存在する用語で、光合成を主目的としない葉（芽鱗や花葉など）に対して、光合成を行う普通の葉を指す用語だし、「舟形葉」を使えば、カツラのように丸い葉やシダレヤナギのように細長い葉は概念から外れそうだ。「無裂葉」は分裂葉の対語として使え

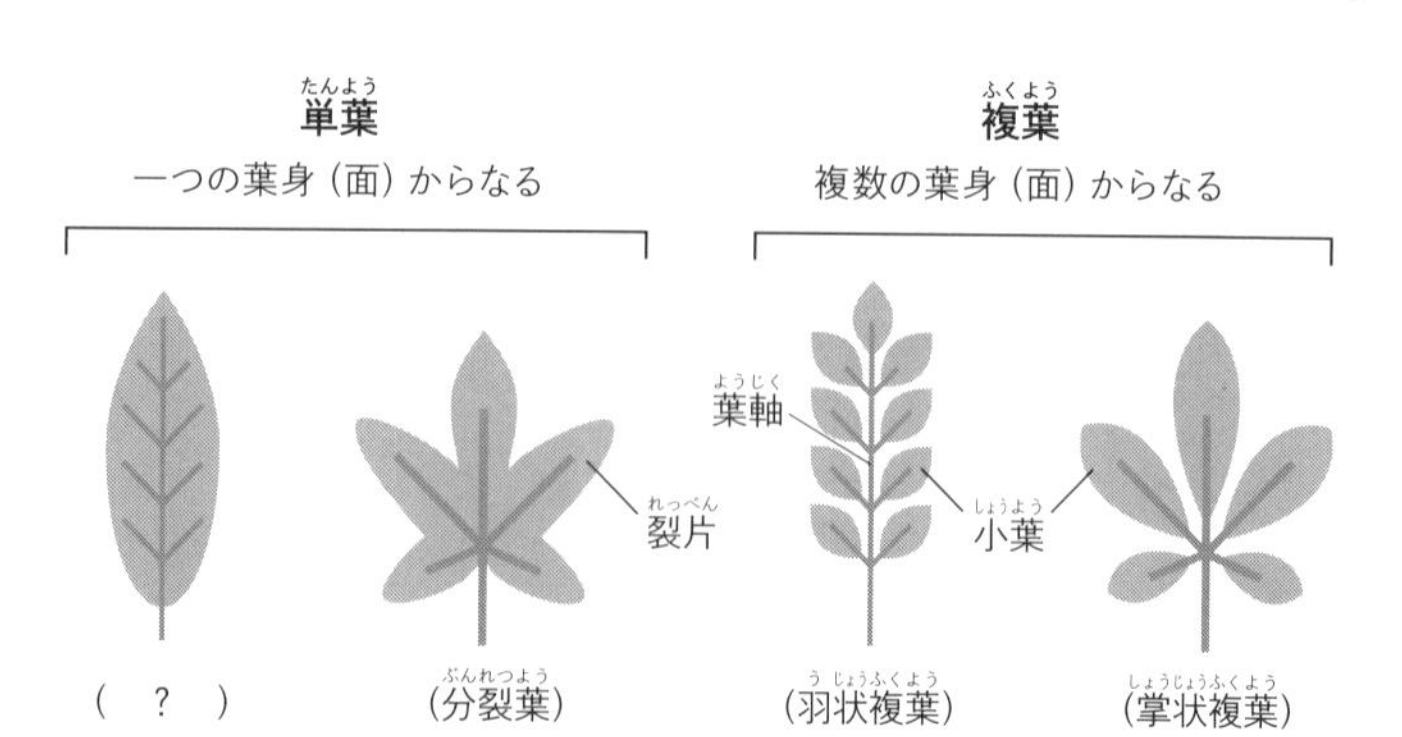

従来の植物学には、切れ込みのない単葉を指す専門用語が普及していなかった。

そうな気がするのだが、文献やインターネットをあさっても使用例が見つからず、自分が勝手に新しい用語を作っていいものか、不安がつきまとう。

そんな時、『園芸植物大事典』（塚本洋太郎監修／小学館）という4万円もする分厚い本で、「単葉」の用語解説を読んでみると、その文中に「不分裂葉（ふぶんれつよう）」という用語を初めて見つけた。分裂葉に対する語として使われているから、これなら大丈夫だろう。響きは「無裂葉」に劣る気がするが、既に専門書で使われている用語を踏襲した方が無難と考え、以来、僕の図鑑では「不分裂葉」という用語を多用することになったのだ。

ちなみに出版後に、「不分裂葉って用語があるの？」と、植物に詳しい知人に何度か尋ねられた。本当にみんな「切れ込みがない単葉」を指す用語を知らなかったようだ。もともと植物学では、花や果実といった生殖器で植物を分類し、見分ける（同定）するのが常識であったため、僕のように葉だけで見分ける（不確かと思われがちな）技術は重視されていなかったのだろう。確かに、大型のツリバナとオオツリバナ、小型のクロモジとヒメクロモジのように、葉だけで正確に同定するのが困難と思われる樹種もわずかにあるが、それ以外の大半、おそらく日本産樹木の98パーセントぐらいは、数枚の葉がついた枝があれば、種レベルの同定が肉眼だけで可能だろう。

大きな葉と小さな葉

大型化する葉

　ここで問題です。
同じ種類の木で、明るい日なたに生えた木と、暗い日陰に生えた木では、どちらの葉が大きくなるでしょうか？

　木を覚え始めた頃の僕なら、最初にこう考えたと思う。日なたほど光合成が盛んにでき

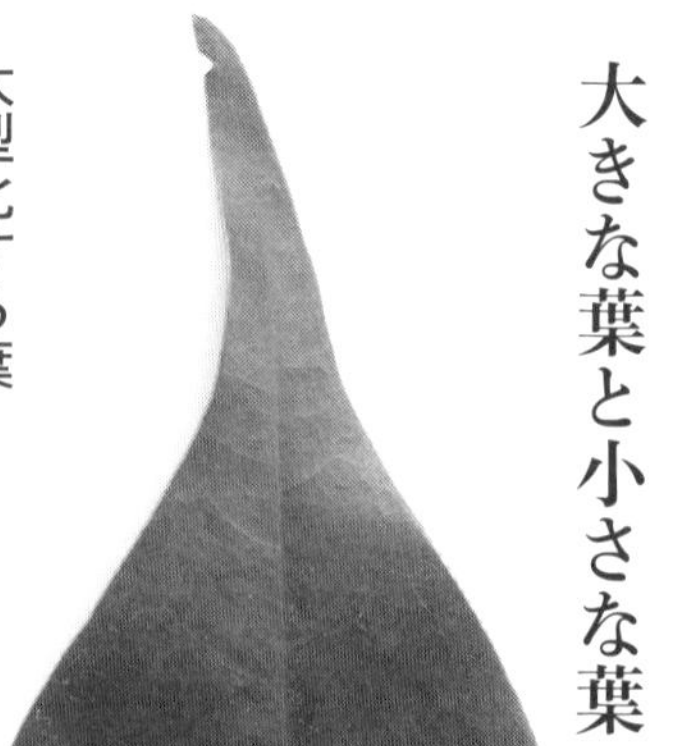

スダジイの日なたの葉（左）と日陰の葉（右）。いずれも実寸大。

るので、葉が大型化して大量の日光を受け止め、日陰では葉も貧弱になって小さくなる、と。実際は逆で、答えは、暗い林内に生えた木の葉の方が大きくなるのだ。フィールドでさまざまな樹木を観察すればわかると思うが、この傾向は多くの樹木に共通して見られる。たとえば、シラカシやスダジイの成木の樹冠の葉は、長さ5〜10センチほどなのに対し、暗い林内に生えた幼い木では、長さ15センチ前後にも達し、面積にして4倍以上になることがよくある。なぜだろうか？

よく考えればその理由も見えてくる。高木の樹冠のように明るい場所では、乾燥、高温、強風にさらされるリスクも高いので、葉が必要以上に大きいと、葉が干からびたり、風で破損しやすくなったりするだろう。それに加えて、強い日光が十分に当たるので、葉を大きくする必要はなく、むしろ葉を厚くして、高温や乾燥から葉を守るとともに、葉の内部に密に葉緑素を並べて、透過する日光をなるべく多く吸収する方針をとっていると考えられる。

反対に暗い林内では、周囲の木々に守られて、乾燥や高温、強風のリスクが少ない一方で、日光がほとんど届かないことが最大の問題なので、弱い光を少しでも多く受け止めるために、葉を大型化させるのだろう。その代わり、葉を薄くしてコストを抑えるから、日陰の葉は大きいけど薄っぺらだ。

大型化した葉といえば、僕のホームページでこんな質問を受けることがよくある。

「近所の街路樹に、ケヤキに似ているけど、長さ20センチもある大きな葉を垂れ下げるようにつけた木があります。何の木でしょうか？」

投稿された写真を見ると、確かにケヤキである。それが、強く枝を切られたことによって、勢いのよい枝（徒長枝）が出て、そこにつく葉が異常に大型化しているのだ。これも樹種に限らず見られる特性で、徒長枝の葉は大型化していびつな形になりやすいので、典型とは違った印象になることが多い。

この場合の葉が大きくなる理由は、大きな枝を失ったため、急いで枝葉を再生させて、たくさん光合成をしようとしているためと思われ、前述の日なた、日陰の話とは少し異なる。

大きな葉をつける木

剪定されたムクノキから生えた徒長枝。長く垂れ下がり、葉も通常より大きい。

では、ふだんから大きな葉をつけている木と、小さな葉をつけている木では、どういう違いがあるのだろう？

大きな葉（単葉）をつける日本の木といえば、ホオノキ、キリ、アオギリ、ヤツデ、ハリギリ、ハリブキ、ヤマブドウ、カシワ、ハクウンボク、オオカメノキ、アカメガシワ、アブラギリ、ウリノキ、クサギ、アワブキあたりがトップ15の候補だろうか。これらの木々の共通項を探してみよう。

まず、ヤツデ以外はすべて落葉樹であることに気づく。前にも述べたように、常緑樹に比べて落葉樹は成長速度を重視した樹木といえるので、大きな葉は成長の速い落葉樹に圧倒的に多いことがわかる。中でも、アカメガシワ、クサギ、キリ、アブラギリは、林縁や伐採跡地など明るい環境にまっ先に生える「先駆性樹木」（パイオニア・トゥリー：pioneer tree）の類で、特に成長が速い木だ。ヤマブドウも、明るい林縁に生えて木々を覆うので、パイオニア的性格をもっている。植物の競合が激しい陽地で、少しでもライバルより速く成長し、日光を独占するために葉を大型化させる戦略だろう。

キリは元来中国原産だが、広く野生化し、特に若木は国内最大級の葉をつける。

ハクウンボク、オオカメノキ、ウリノキ、アワブキ、ヤツデ、ハリブキは、主に林内（つまり高木の下）に生える小高木や低木なので、乾燥、高温、強風のリスクが低く、弱い光をたくさん得るために大きな葉をつけていることが想像できる。

残ったホオノキ、ハリギリ、カシワは、林冠に達する高木でありながら、大型の葉をもつ珍しい木といえるかもしれない。ただ、ホオノキは谷沿いに多い木なので、強風を比較的受けにくいし、ハリギリは切れ込みを入れることで強風対策をしていると考えられる。カシワは海岸林や草原的な環境にも生える木で、切れ込みのようにも見える、丸く大きな鋸歯をもつ葉形といい、異質な存在といえそうだ。

注意しておきたいのは、常緑樹は落葉樹より葉が小さい、とは限らない点だ。たとえば、亜熱帯の沖縄の森で大きな葉の木トップ10を挙げるなら、オオバイヌビワ、ギランイヌビワ、モンパノキ、サガリバナ、ヤエヤマアオキ、ハブカズラなど、長さ20センチ以上の葉をもつ常緑樹がたくさん候補に入る。より温

カキノキ大の葉をつけるオオバイヌビワ。沖縄では道端などによく生えている小高木。

暖な熱帯雨林では、もっと大きな葉の常緑樹がたくさんあるわけで、温帯の日本本土とは傾向が異なると考えるべきだろう。

ちなみに、東南アジアの最高峰であるマレーシア・ボルネオ島のキナバル山（4095メートル）のように、熱帯の高山では、山麓から山頂まで常緑広葉樹が優占する。山麓ほど長さ20センチ前後の大型葉をつける樹種が多いものの、標高が上がるにつれて小型の葉をつける樹種が増えることが知られている。気温の低下、強風、乾燥、紫外線など、高標高地ほど厳しい条件が増えるためで、このように環境ストレスが増すほど、葉が小型化することがわかっている。日本の極相林（自然状態で最終的な姿の林）の林冠を構成する広葉樹は、ブナ、ナラ、カシ、シイ、タブノキなど、長さ10センチ前後の葉が多いのに対して、熱帯雨林の方が葉の大きな木が多いのは、それだけ環境ストレスが少ない＝植物の生育に適した環境ということだろう。

かといって、葉が大きいほど有利というわけでもない。大きな葉や、光合成の能力やスピードが高い葉ほど短命で、木自体も短命の傾向がある。実際に、アカメガシワなどの先

ボルネオ島キナバル山麓の熱帯雨林。大きな葉をつける常緑樹も多数見られる。

駆性樹木（＝陽樹）は、一時的に土地全体を覆って繁栄できるものの、その暗い林内では自らの後継樹を育てられず、小さな葉でゆっくりと成長する極相林の樹種（＝陰樹）に、やがては繁栄の座を明け渡すのが通常である。木の世界でも人間の世界でも、あらゆる能力に優れて長生きできる存在はないわけで、誰もが限られた資源と能力で長所と短所をもち合わせ、バランスをとっているのだ。つまり、「太く短く生きる」か、「細く長く生きる」か、その生き方の選択が、葉の大きさに反映されていると考えられそうだ。

小さな葉をつける針葉樹

その意味では、針葉樹も「細く長い生き方」を選んだ木だろう。

一般に針葉樹が多く生育するのは、落葉広葉樹林が広がる温帯よりさらに寒い亜寒帯（亜高山帯、寒温帯）や、険しい岩場などである。本州の標高約１５００メートル以上の場所や北海道では、モミ属、ツガ属、トウヒ属を中心とした針葉樹林が広がっているし、低地で見られるマツ、モミ、ネズミサシなどは、やせた尾根や岩が多い場所によく生えている。こうした環境では、気温が低かったり、積雪が多かったり、土壌が貧弱だったり、水分が少なかったりと、植物の生育に厳しい条件が増すので、落葉広葉樹のように使い捨ての大きな葉を毎年製造するのは、コストが合わないのだろう。一方で、競合する植物は少ないので、日光の奪い合いや葉の大きさを競う必要性は低くなる。

　加えて、高緯度地方では太陽が低く、日光が横から当たる時間が長いので、平面的な葉よりも、あらゆる角度から日光を受けられる立体的な葉形が求められる。そのため、表裏が不明瞭で、小さくても丈夫で、寒さや雪に耐え（油分が多いのはこのためだろう）、何年も長持ちする常緑針葉樹の葉ができあがったのだろう。

　これらの条件は、針葉樹の樹形にも関係していそうだ。直立する高い幹と狭長な円錐樹形は、競合する高木がまばらな環境で、全方向の日光を受けるために適した形と考えられ

アカエゾマツ
北海道を代表する木。
葉の断面は菱形で、
表裏は不明瞭。

クロベ
岩場に生える。ヒノキに
似ているが気孔線が不
鮮明で、表裏がより曖昧。

いずれも実寸大。

ゴヨウマツ
主に岩尾根に生える。
表裏のない葉を、枝の
全方向に密生させる。

る。それが、一般的な針葉樹の姿である。

例外的に、暖かい地方に育つ針葉樹もある。関東から沖縄の海に近い照葉樹林に分布する、マキ科のイヌマキやナギである。これらの木は、常緑広葉樹が生い茂る中に生育し、太陽の位置が低い場所に育つわけではない。つまり、植物の生育適地で、広葉樹と同様に上方からの日光を奪い合う必要があるので、葉の形も広葉樹のように広くなったと考えると、納得できそうだ。

ナギの葉はネズミモチに似ている。イヌマキの葉はタイミンタチバナに似ている。

日本産樹木で、最も巨木（幹回り3メートル以上）が多い樹種は圧倒的にスギで、日本一樹高が高くなる木も、日本一長寿の木もスギだ。マツやヒノキも上位に入るだろうし、特に樹高は針葉樹が概して高い。一方で、多くの広葉樹と違って、針葉樹は切り株から芽を出して再生する能力（萌芽力）をもっていないことが多い。針葉樹は、長身、長寿、大木になる能力をもつ代わりに、幹からの再生能力まではもてなかったのかもしれない。

厳しく特殊な環境で生きるために、針やウロコ状の特殊な葉を発達させ、文字通りまっすぐ生き続ける針葉樹は、いわば、高度な特殊技術をもった職人のようにも見える。木材生産という人間にとって重要な役割を最も効率よく担ってくれるのも、まっすぐな生き様の針葉樹なのである。

図鑑には載っていない、葉の形の意味。そこには、樹木が生きるための知恵や合理性が必ず盛り込まれており、それぞれの葉に戦略やライフスタイルがある。どれがベストという話ではなく、地球上の多様な環境や気候に対応し、多様な個性が競争とバランスの中に存在しているのだ。もっとも、本書に書いたことは、筆者の主観とほんの少しの本や論文で得た知識が基(もと)になっており、科学的な根拠をしっかり確かめているわけではない。より学術的に知りたい方は、形態学や生理学、生態学などの分野で調べてみてほしい。

ともあれ、植物の形の意味を考え、発見し、価値を認めることは、僕たち人間の生きるヒントにもなる気がしている。

トウヒ、シラビソ、オオシラビソ、コメツガ、カラマツなどが散生する亜高山帯の針葉樹林（長野県四阿山・標高2000m付近）

シンジュの蜜腺
（鋸歯の裏）

アカメガシワの蜜腺
（葉身基部）

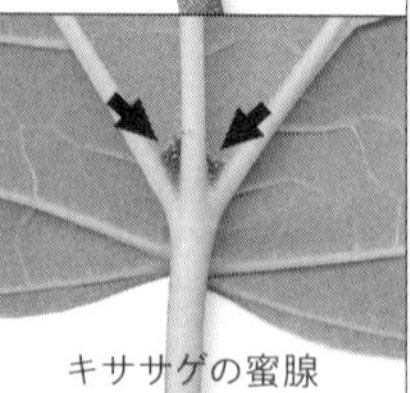

キササゲの蜜腺
（葉裏の脈腋）

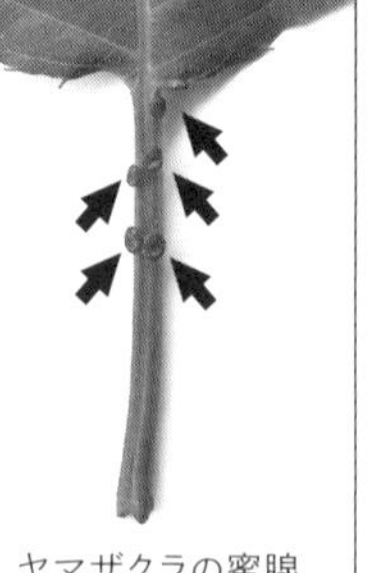

ヤマザクラの蜜腺
（葉柄上部）

葉の蜜腺

葉から出る蜜

植物に反応が薄い子ども向けの観察会で、そこそこ盛り上がるのが葉の「蜜腺（みっせん）※」探しだ。僕はサクラの葉っぱを説明する時に、「この葉のどこかに、蜜が出る小さなイボがあります。どこでしょうか？」と問いかける。すると、みんな必死に探してくれて、葉柄の上に普通1対ある、ゴマ粒ほどの蜜腺を見つけてくれるのだ。

でも、実際に蜜が出るシーンは観察できないことも多い。蜜は若葉や若い木で出ることが多く、堅くなった成葉（せいよう）（成長しきった葉）ではほぼ出ないからだ。蜜を見たければ5月前後がベストだが、サクラ

※蜜腺：蜜を分泌する器官。イボ状に隆起して目立つものもあれば、平たい点状のこともある。

イイギリの蜜腺
（葉柄上部と下部）
いずれも実寸大。

類の場合は幹の根元から細い枝（ひこばえ）がつんつんと伸びていることが多く、ここには夏でも若い葉がついていることが多いので、蜜が出た蜜腺を観察しやすい。アリがその蜜をなめに来ていることが多いので、アリがよい目印になる。

葉から蜜が出るとは、何とも不思議な特徴だが、サクラ類以外にも葉に蜜腺をもつ木は意外とある。同じバラ科のウメ、モモ、スモモ、バクチノキにもあるし、アカメガシワ、イイギリ、アブラギリ、キササゲ、シラキ、ナンキンハゼ、ネムノキ、シンジュの蜜腺もよく知られている。これらの蜜腺は、葉柄の上部か葉身の基部にあるのが普通で、ゴマ粒状の突起か、色のついた平たい円形で、いずれも肉眼で見つけることができる。草ではカラスノエンドウ、イタドリ、ホウセンカ、ヘチマなどの葉柄付近にも蜜腺がある。

あまり知られていない例を挙げると、ガマズミ類やイボタノキ類、セイヨウバクチノキの葉にも蜜腺がある。ただしこれらの蜜腺は、普通に葉を探しただけでは気づかないだろ

ソメイヨシノの蜜腺に来たアリ。後方の托葉からも蜜が出ているのかもしれない。

う。僕はこれらの葉を採取し、スキャンするため自宅に持ち帰った時、蜜腺を発見した。保管用の箱から葉を取り出し、表裏を掃除してスキャナに載せようとしたところ、葉裏の数ヵ所から透明の液体がしみ出ていたのだ。なめてみると、ほのかに甘いから蜜に違いない。葉裏をよく見ると、わずかに色が違うだけの微細な点が散らばっており、そこが蜜腺のようだ。これらの木々の葉に蜜腺があると書かれた資料は見たことがないし、僕はたまたま気づいただけなので、ちゃんと調べれば、一般に知られている以上に多くの植物の葉に蜜腺が存在するのかもしれない。

イボタノキの葉裏の蜜腺（矢印）。相当数あり、一部は蜜がしみ出ている。（倍率150％）

では、これらの葉の蜜腺は、何のためにあるのだろう？　花から蜜が出るのはわかるが、葉から蜜を出す目的は何だろう？

ここでは、アカメガシワを通して僕が経験したことを紹介しよう。

アカメガシワの戦略

アカメガシワ（トウダイグサ科の落葉小高木）は、僕にとってなじみの深い木だ。木に関心をもち始めたころ、その木はいつも通る道のわきに生えていた。アスファルトや塀のすき間から芽生え、トレードマークの赤い若葉をつけた幼木の姿は、とてもたくましく印象的だった。校庭の片隅や、道路沿いの斜面、空き地やヤブなど、いろいろな場所で見かけた。開けた場所で急成長し、枝を逆三角形状に広げ、大きな木は高さ10メートルにも達し、日光を独占する。

アスファルトのすき間から生えたアカメガシワの幼木。新芽が赤いことが名の由来。

このように、明るい場所にまっ先に生えて早く成長する木のことを先駆性樹木（パイオニア・トゥリー）と呼ぶ。暗い林の中では育つことができないが、代わりにアカメガシワは小さな丸い種子を土の中で何十年も眠らせ、林の木々が倒れたり伐採されたりして地面に光が差し込むと、それを合図に一気に目覚めて急成長するのだ。このような種子を「埋土種子(まいどしゅし)」といい、さまざまな埋土種子を蓄えた土壌は「シードバンク」(seed bank)とも呼ばれる。僕はこうした生態を大学の授業で習って感激し、余計にアカメガシワが気に入った。自分自身もパイオニア=開拓者・先駆者でありたい、という価値観を投影しやすいこともあるだろう。

アカメガシワのおもしろさは葉の形にもある。赤く長い葉柄と、浅く3つに裂けた大きな葉形、それに星状毛(せいじょうもう)と呼ばれる星形に分岐した毛で各部が覆われることが特徴なのだが、成木になるにつれて切れ込みのない葉が増え、ゆがんだ菱形状の葉ばかりになる。さらに、成木の葉は鋸歯がないが、幼木ではしばしば鈍い鋸歯も現れるなど、多様な形態が見られるのだ。

そして、葉身のつけ根には「蜜腺」と呼ばれるゴマ粒ほどの赤く平たい点が一対あり、そこから蜜が出ることも興味深い特徴だ。僕はアカメガシワを知った時から、その蜜腺が気になっていた。

アカメガシワの幼木を観察すればわかるのだが、蜜腺にはよくアリが来ている。実際に蜜腺からしみ出た透明の液体をなめてみると甘いので、蜜が出ているのは確かだ。でも、花粉を運んでもらうわけでもないのに、葉が蜜で虫を呼ぶ理由がわからない。観察していて一つわかるのは、サクラ類と似て、蜜は幼木の葉でよく出て、大きな成木ではほとんど出ないことだ。加えて、成木では蜜腺自体がない葉も多い。つまり、木が大きくなると蜜を出す必要性がなくなるのだろう。

本でアカメガシワの解説を読むと、「葉の蜜腺でアリを呼んで樹上をパトロールさせ、害虫を追い払う」などと書かれていた。本当だろうか？　僕は疑った。

アリがよく訪れるのは確かだし、虫に食べられやすい幼木ほど蜜がよく出ることもつじつまが合う。だけど、アリ以外にも何種類もの虫がアカメガシワの蜜腺を訪れており、テントウムシやハムシ類、小さなハチなどが蜜を吸いに来ているのを見ているし、クモ、ダニ、クサカゲロウの幼虫なども来るという。

蜜腺の蜜を吸いに来たたくさんのアリ。葉の基部以外に、葉の縁に近い葉脈の先端部にも時に蜜腺がある。

葉の基部の蜜腺とアリ。

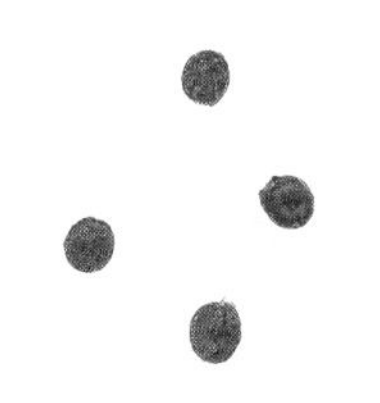
実寸大の種子。直径3〜4㎜の球形で黒い。

一方で、アリがほかの害虫を追い払うシーンはなかなか見聞きしない。そもそも、アリは草木の汁を吸うアブラムシと共生関係にあり、アブラムシがお尻から出す甘い汁（甘露）を吸う代わりにアブラムシを外敵から守るので、植物にとってはアリもアブラムシと同様に迷惑な存在なのではないか？

ともあれ、植物学の分野では、アカメガシワに限らず、花以外にある蜜腺＝花外蜜腺は、いずれもアリを呼んで植物体を護衛してもらうための戦略と考えられているのである。僕はそれをずっと半信半疑でいた。

アリを住まわせるマカランガ

アカメガシワを知ってから20年余り経ったころ、僕はシンガポールの熱帯雨林を歩いたことがきっかけで、考えが変わった。

自然豊かな公園の散策路を歩いていた時、3裂した大きな葉をつけた若木が木道沿いに生えていた。僕は「アカメガシワやオオバギ

コモン・マカランガ。トウダイグサ科オオバギ属の小高木。この個体は樹高1.5mほど。

（沖縄～東南アジアに分布する先駆性樹木）の仲間だろうなぁ」と思い、写真を撮った。しばらく進むと、何やら植物のことを説明した解説板があった。といっても全部英語で、僕の語学力ではその場で翻訳するには時間がかかりすぎるので、やはり写真だけ撮って先に進んだ。

帰国後、その解説板の英文を訳してみてビックリ。解説内容は僕が写真を撮った木のことで、その木はやはりオオバギと同属のコモン・マカランガ（Macaranga triloba）という木で、なんと、茎に開いた穴からアリ（シリアゲアリの仲間）を出入りさせて、中の空洞をアリの住居として提供し、赤い托葉からはアリのエサとなる食物体（しょくもつたい）（脂肪分を含むゼリー状物質）まで分泌するというのだ。そしてその見返りとして、アリはその木を草食動物や病原菌から守ると書かれている。

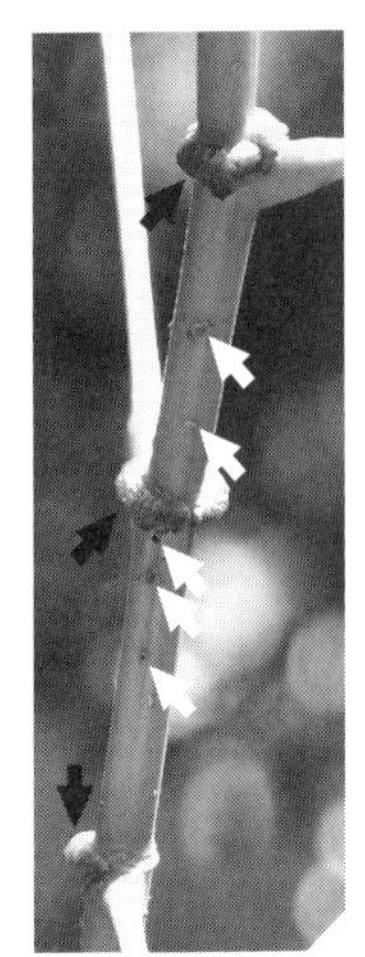

上／コモン・マカランガとアリの共生関係を解説した看板。タイトルは高層住宅を意味する。（シンガポール、マクリッチ公園）
左／茎。黒矢印が托葉、白矢印がアリが出入りする穴。

調べてみると、マカランガ類（オオバギ属の一部）と共生するアリは、マカランガが分泌する食物体や、茎の中で共生（飼育？）するカイガラムシの出す甘露に強く依存しており（時にカイガラムシ自体も食べてしまうとか）、その一方で、マカランガにつくイモ虫などの害虫を駆除するだけでなく、マカランガの周囲に生えたほかの植物の茎を切り取り、自らの住居であり食料の提供源であるマカランガの木を守るという※。

恐るべし、アリの行動！　と驚きつつも、思った。アリがやっていることは、木の家に住み、家畜を飼い、害虫を駆除して、周囲のヤブを刈る。まさに人間がやっていることと同じではないか。僕たち人間が行っている「自然破壊」と呼ばれる行為も、実はアリのような野生生物と同じ一行為に過ぎないのかと、妙に納得できそうでもある。

そして、そのアリの雇い主であり大家さんでもあるのが、住居と食料（報酬）を提供するマカランガという植物だ。確かに、誰だって家と食べ物を無償提供されれば、全力でその提供者に尽くすだろう。あるいは、依存してしまうと表現した方が適切かもしれない。いや、確かに、アリよりもマカランガが上位に立って、アリをコントロールしているように見える。

ただ、自然界はそんなに簡単ではない。マカランガの葉を食べるシジミチョウの幼虫は、アリが共生している木にもよく見られるという。彼らはアリの攻撃をなだめるために、お

※似た例として、アマゾンのアカネ科樹木（Duroia hirsuta）に共生するアリが蟻酸で周囲の植物を枯らし、「悪魔の庭」と呼ばれる円形の空き地をつくることが知られている。

尻から甘露を出してアリに提供し、自らはマカランガの葉を食べ続ける。つまり、アリをうまく味方につけて、マカランガに寄生する草食昆虫もいるのだ（その証拠に108頁の写真の葉には虫食いの穴が開いている）。次章のテーマになるのだが、まさに植物と虫の絶妙な関係といえよう。

アリと植物はどっちが賢い？

マカランガのように、アリに住居を提供して強い共生関係を築く植物を「アリ植物」と呼ぶ。日本産植物では見られないが、熱帯地方ほど多くのアリ植物（アリノトリデ、アリノスダマ、マメヅタカズラ、アカシア類など）が存在する。また、熱帯アメリカのパナマでの研究例によれば、熱帯樹木の約3分の1が花外蜜腺、すなわち葉や茎などに蜜腺をもっていたという。つまり、アカメガシワに見られるような、葉の蜜腺でアリを呼んで植物体を守る戦略は、熱帯ほど一般的で、より発達していたのだ。一年じゅう虫が活動でき、虫の種類も多い熱帯では、受粉も防衛も、虫をはじめとした動物に頼る（やらせる？）植物が多いのだろう。

ついでにいえば、アカメガシワは住居こそ提供しないが、マカランガと同じようにアリのエサとなるゼリー状の食物体を、若葉などから分泌していることを最近知った。やはりスキャン画像に写り込んでいたのである。蜜以外にも、アリを味方につける策略をもっていたのだ。

今から150年ほど前までは、花外蜜腺の存在意義がわかっておらず、かの有名な生物学者・ダーウィンは、余分なものを捨てる器官と考えたらしい。近年は、アリとの関係が認められただけでなく、植物の生態や戦略が次々と詳しく研究され始めており、たとえばアカメガシワも、生育条件や環境に応じて、葉の蜜腺、食物体、腺点、星状毛などの防御機構の量を変え、使い分けていることが調べられている。さらには、植物が花外蜜腺から

丸い葉の中の空洞をアリの住居として提供するマメヅタカズラ（キョウチクトウ科）。

ナガホアリアカシア（マメ科）。トゲ内の空洞をアリに提供し、小葉の先からエサを出す。

出す蜜には、アリの神経系に作用する成分や、依存性を高める成分が含まれている例もわかり始め、植物が蜜の成分を調整することで、アリを奴隷のごとく操っているという見方さえある。数十年後には、今の常識がひっくり返るほど新しい事実が判明しているかもしれないわけで、固定観念をもつべきではないな、と改めて思った。恐るべし、植物のしたたかさだ。

僕はこうした例を知って、蜜腺への疑いが晴れるとともに、新たなことを悟った。植物たちが、アリをそこまで「影響の大きい生物」として見ていたことを。そして、同じ社会性動物である人間も同様に「影響の大きい生物」として見られていても、おかしくないことを。

上／アカメガシワの若葉を覆う星状毛。（物理的な防御）
下／アカメガシワの葉裏に多数ある微細な腺点。倍率300％。（化学的な防御）

アカメガシワの若葉の裏につく半透明の食物体。倍率300％。（生物的な防御）

ここでまた、心理テストです。

想像して下さい。
あなたは木です。
成長して、花を咲かせました。
その花は何色ですか?

あなたがイメージした花の色は、次の5つのうち、どれにいちばん近いですか？

あなたの結婚観は？

黄色い花

マンサク

アブラナ(菜の花)

媒介者＝**ハエ・アブ・多様な昆虫**
→早春の花が多く、時に紫外線の模様も

♥早い者勝ち（早婚）
♥目立ちたがり　♥やや誰でもOK

赤い花

ツバキ

ハイビスカス

媒介者＝**鳥**（運搬能力が高い）
→蜜が多く必要で、花も頑丈

♥理想が高い
♥お金をかけてでもいい相手を求める

紫〜青の花

フジ

リンドウ

媒介者＝**ハナバチ**（受粉能力が高い）
→ハナバチに特化した花や秋咲きが多い

♥堅実な相手を求める　♥晩婚も多い
♥興味のない相手は無視

白い花

クチナシ

カラスウリ

媒介者＝**ガ**（夜行性）**・多様な昆虫**
→夜に咲く花、香りが強い花が多い

♥色気やフェロモンが多い
♥夜の出会い　♥誰でもOK

緑や茶色の花

ナラ

マツ

媒介者＝**風**（受粉効率は低い）
→地味で花粉が多い。原始的植物に多い

♥古風　♥駆け引きは嫌い
♥数打てば当たる

花の色は、花粉を運んでくれる虫や鳥などの媒介者（ポリネーター）へのアピールと考えられます。花粉を誰かに運んでもらう理由は、自家受粉（同じ個体の中で受粉すること）や近親交配を避け、なるべく遠く離れた個体への受粉を期待するためで、優良な子孫を残すための戦略です。

つまり人間でいえば、「いかにいい結婚をするか」ということです。

花の色＝結婚観

と考えることができるでしょう。

ただよく考えると、植物と虫が結婚するわけではないので、正確には結婚相手を見つけてくれる仲人や親友と知り合うための戦略というべきかもしれません。いずれにしても、花粉を運んでもらうための戦略やターゲット（媒介者）が、花の色や形に反映されているはずです。

花の色ごとの代表的な植物と、主な媒介者、特徴（結婚観）は、右ページの通りです。

♥赤色は、アゲハ以外の虫には見えないので、赤い花は赤色を好む鳥をターゲットにした花「鳥媒花（ちょうばいか）」です。その証拠に果実は赤色が多いですし、ハチドリなど花蜜食（かみつしょく）の鳥が多い熱帯では、日本より赤系の花が多く見られます。花粉を運ぶ能力は、虫より鳥が勝りますが、そのぶん花を頑丈にして、鳥を満足させる蜜を用意しないとなりません。

♥虫に花粉を運んでもらう花を「虫媒花（ちゅうばいか）」といいます。早春に咲く花には黄色が多く、低温でも活動できるハエやアブが感知しやすい色といわれます。また黄色い花は、人間には見えない紫外線（虫には見える）の模様が入っている場合も多くあります。

♥白色は、夜に最も見えやすい色で、香りでガを呼びます。黄色や白色の花は種類が多く、ハチ、甲虫、チョウなども含め、さまざまな虫を受け入れている傾向があります。

♥紫〜青色の花は、蜜が深い場所にある形や釣鐘形（つりがねがた）が多く、蜜泥棒を防ぐ構造が特徴です。

♥一方、風で花粉を飛ばす花「風媒花（ふうばいか）」は、花びらが必要ないので緑色や茶色で、恋愛の象徴といえる蜜もありません。カバノキ類、ニレ類、針葉樹など、意外と多数派です。

いかがでしたか？　花を見れば、その植物の結婚観が見えてくるのです。ちなみに僕は黄色を選びました。確かに当たっている気もしますが、実際は晩婚でした。現実はうまくいくとは限りませんね。次章では、このような植物と動物との関係に注目しましょう。

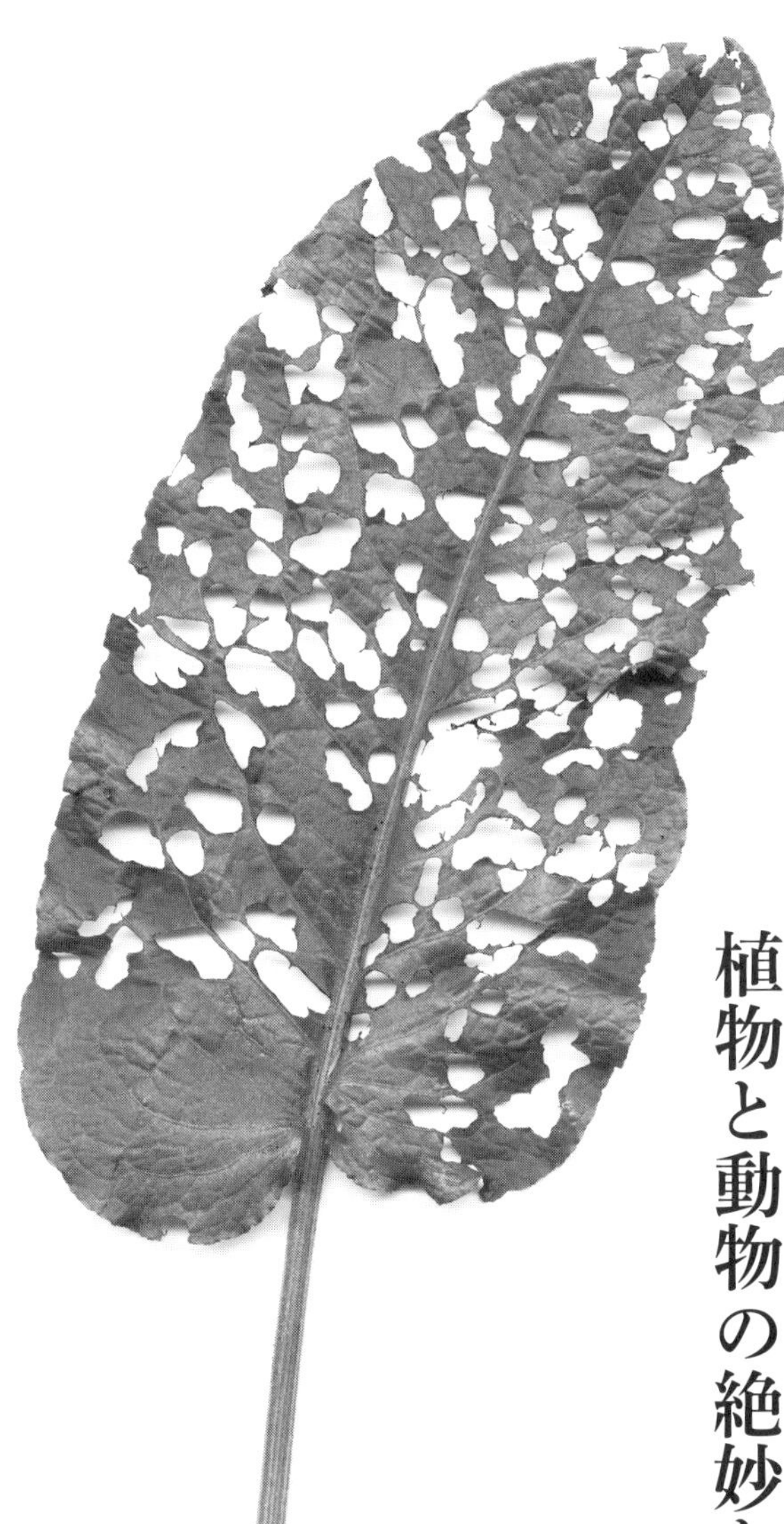

第三章 植物と動物の絶妙な関係

ハムシに食べられたエゾノギシギシ（倍率70％）

沖縄の木にぶら下がる〝危〟ない板

㊀の板とミカンコミバエ

沖縄で樹木を観察しながらうろついていると、ある謎の物体があちこちで目につく。「危」と書かれた1辺5センチほどの四角い板が、庭木や公園の木、道路沿いの木などに、下手すると100メートルおきぐらいにぶら下がっているのだ。何やら危険そうなのはわかるが、こうもあちこちにあると気味が悪い。

いったい何がどう危険なのか？

ある日、インターネットで調べてみた。すると「危」の板の正体は、ミカンコミバエというハエを駆除するための誘殺板（ゆうさつばん）（通称：テックス板）で、四角い木材繊維に、ミカンコミバエの雄を誘引する香料（メチルオイゲノール）と、

イヌビワにぶら下がる誘殺板。「危」の文字は、設置年によって色が変えられている。

殺虫剤（ダイアジノン）がしみこませてあるとわかった。

ミカンコミバエは東南アジア原産だが、物資とともに運ばれて周辺の国々に分布を広げ、幼虫はミカン類をはじめ、マンゴー、パパイヤ、グアバ、リンゴ、トマト、ナスなどの果物や野菜を広く食害し、ひどい場合は収穫が皆無になるという。日本では1919年に沖縄で初確認※され、本土への分布拡大を防ぐために、沖縄産のミカン類や果実が全面的に出荷禁止にされた。そこで、1977年にこの誘殺板を使ったミカンコミバエの根絶事業がスタートし、10年後の1986年に見事根絶を完了、果実や野菜の出荷禁止も解除されたというわけだ。

根絶までのメカニズムを説明しよう。まず、ミカンコミバエの生態は、オスとメスが出合って交尾し、メスはミカンなどの果実に産卵、幼虫（ウジ）は果実を食い荒らし、土の中で蛹（さなぎ）になって、成虫が羽化する。このサイクルを年に8回も繰り返すという。

その際、オスは交尾をする数日前から、メチルオイゲノールと呼ばれる芳香のある物質に誘われることがわかった。この性質を利用して作られたのが、メチルオイゲノールと殺虫剤をしみこませた誘殺板で、集落内の木々に誘殺板を手作業で設置すると同時に、山林や原野にヘリコプターで大量の誘殺板をばらまくのだ。すると、ミカンコミバエのオスは、メチルオイゲノールに誘われて誘殺板に集まり、殺虫剤をなめて死ぬ。オスが次々といな

※初確認の時点で既に沖縄全県に分布していたと考えられている。国内ではほかに奄美群島、小笠原諸島でも分布が確認され、後に根絶された。

くなり、取り残されたメスたちは、交尾ができないので子孫を残せず、やがてすべてのミカンコミバエが絶滅するというわけだ。

魅惑的な香りに誘われた先で、だまされて毒物を飲まされた男たちが次々殺される——文字通りの「誘殺」。サスペンスドラマのような恐ろしい話だが、これで外来種が完全に駆除できたのだから、大量の農薬をばらまく一般の害虫駆除に比べれば、生物の特性を応用した賢い駆除方法といえるだろう。

しかし、2015年には鹿児島県の奄美大島でミカンコミバエが再発生し、果実類の出荷禁止が発令され、名産品のタンカンやポンカンが大量廃棄されるという騒ぎがあった※。すぐに誘殺板の緊急設置や散布が行われ、翌年には根絶が確認され出荷も再開されたが、より熱帯に近い沖縄県の石垣島などの八重山列島をはじめ、毎年各地で少数ながらミカンコミバエが捕獲されているという。台湾やフィリ

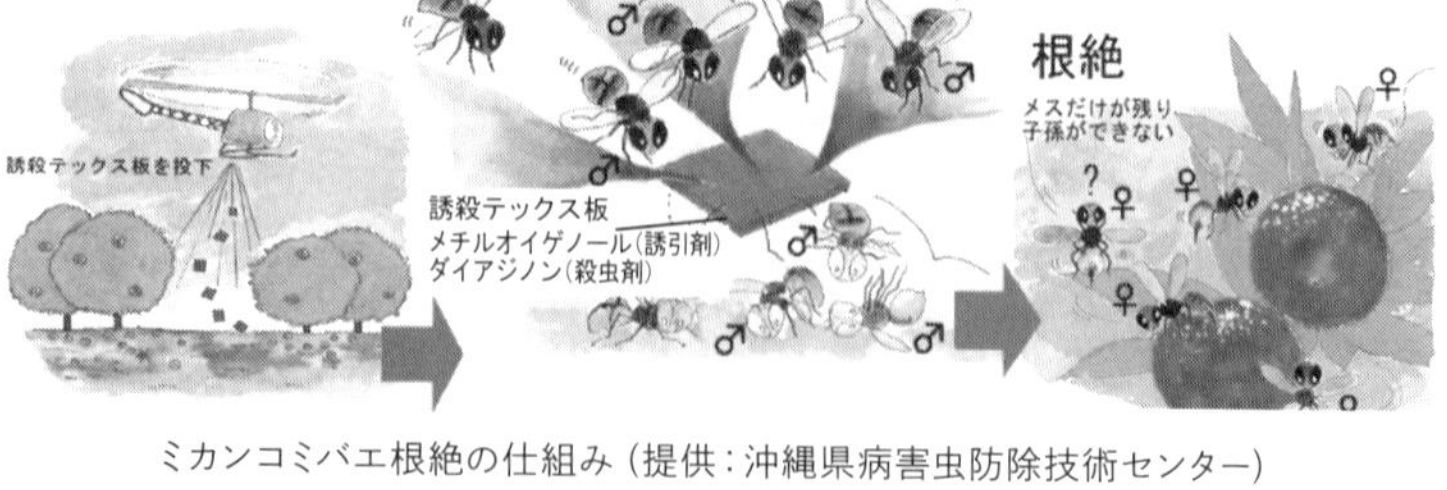

ミカンコミバエ根絶の仕組み（提供：沖縄県病害虫防除技術センター）

※2015年は奄美大島以外にも屋久島や徳之島などで週に数十〜数百のミカンコミバエが捕獲されており、温暖化やミカンコミバエの周期的な大量発生の影響が指摘されている。

ピンから風に飛ばされてきたり、物資に紛れ込んだりして、侵入してくると考えられており、さらなる再発防止のため、今でも沖縄全域と奄美群島・小笠原諸島で誘殺板の設置・散布が行われているというわけだ。

不妊化されたウリミバエ

これでミバエ問題は一件落着かと思いきや、さらに難敵の外来ミバエが沖縄にいた。その名はウリミバエ。ゴーヤ、キュウリ、トウガン、スイカなどのウリ科植物をはじめ、マンゴー、パパイヤなどにも深刻な食害を与える、やはり東南アジア原産のハエである。

ウリミバエにも、オスを誘引するキュウルアという物質が見つかったが、ミカンコミバエほど誘引力が強くなかったため、誘殺板では根絶に至らなかったという。そこで採用されたのが、「不妊虫放飼」という方法だ。ウリミバエの蛹にコバルト60という放射線（ガンマ線）を当ててオスを不妊化（正常に機能しない精子にする）し、ヘリコプターを使って野外に大量に放つ（放飼）のだ。すると、野生のメスは不妊化したオスと交尾して産卵するものの、卵は孵化せず、子孫は育たない。正常な野生のオスとメスが交尾する機会は減り、次第に個体数が減って、やがてウリミバエは絶滅するというメカニズムだ。

この不妊虫を〝生産〟するために大規模な工場が建設されている。ウリミバエの卵から成虫までの人工飼育と、放射線照射、蛍光色素によるマーキングなどが工業的に行われ、その結果、週2億匹の大量生産が可能となり、1回のヘリコプター飛行で400万匹もの不妊虫を放てるという。204億円をかけたというこの大規模な不妊虫放飼事業によって、沖縄のウリミバエは1993年に根絶に成功し、今も予防措置として不妊虫の製造・放飼が続けられているのだ。外来害虫駆除のためとはいえ、そんな〝虫製造工場〟が存在し、その〝人造虫〟が上空からばらまかれているとは、驚きである。

不妊虫放飼は、1955年にアメリカで家畜に寄生するハエを駆除する事業で初めて成功し、特定の昆虫を根絶する最も優れた方法として、各国に導入例がある。通常は放射線で不妊化を行うが、放射線によって生殖機能以外も弱るなどの失敗例も多いという。そこで近年では、ボルバキアという細菌や、遺伝子組換えで不妊化する方法も研究され、カ（蚊）が媒介するデング熱やジカ熱、マラリアなどの伝染病対策として、ネッタイシマカなどのカを不妊化して野

那覇市にあるウリミバエ不妊虫の生産工場（提供：沖縄県病害虫防除技術センター）

外に放つ取り組みが、アメリカや南米、東南アジア、オーストラリアなどで次々と実験的に行われている。特に遺伝子組換えについては、予期せぬ突然変異など未知のリスクが伴うもので、当然ながら反対意見もあるが、重大なのは、それが私たちの知らぬ間に少しずつ着実に行われており、私たちもその恩恵あるいは副作用を既に受けているかもしれないという事実だろう。

　今でも沖縄では、サツマイモやアサガオ類などのヒルガオ科植物は持ち出しが禁止されている。理由は、それらに寄生する外来害虫のアリモドキゾウムシ、イモゾウムシ、サツマイモノメイガの分布拡大を防ぐためで、前二者については、やはり放射線照射による不妊虫放飼が現在進められている。また、２０１０年には新たにナスミバエが沖縄で初確認され、ピーマンやナスへの食害が広がりつつあるが、ミカンコミバエやウリミバエのような誘引物質が見つからず、トラップによる調査が困難で、対策に苦慮しているという。

　こうした植物検疫の裏には、果てしない苦労と研究、そして未知なるリスクも隣り合わせているのである。

沖縄で見つけたミバエの一種。

なぜオスは誘引されるのか

メチルオイゲノールは、フルーツのように甘い香りがするという。その香りに、ミカンコミバエのオスたちが誘引される気持ちは、何となく想像できるだろう。そう、当初、メチルオイゲノールはメスが出すフェロモンと思われた。ところが、メスはこの物質をまったくもっていなかった。では、なぜ誘引されるのだろうか?

研究が進んでわかったのは、①ミバエランとも呼ばれる熱帯性のラン科の植物(Bulbophyllum属＝マメヅタラン属)が、メチルオイゲノールなどの花香成分を使って強力にミバエのオスを誘引していたこと。②ミバエのオスは、メチルオイゲノールなどを原料にメスを誘引するフェロモンを合成していたこと。③ミバエランは、ミバエのオスが花からメチルオイゲノールを集める際に、ミバエの体に花粉を付着させて運んでもらう機構をもっており、両者は強い共生関係を築いていたこと、などであった。そして、実証実験でも、このフェロモンをもったオスは、もっていないオスに比べてたくさんのメスを惹きつけることができたという。

ミバエラン類の一種
Bulbophyllum lasiochilum

すなわち、ミバエを絶滅させると、ミバエランも送粉者を失い、絶滅する可能性があるということだ。

ある生物を絶滅させると、別の生物も絶滅する可能性がある。

ミバエの事例から得られる学びは、生態系の原則ともいえる、植物と動物の強い結びつきだろう。もちろん、日本では外来種であるミカンコミバエやウリミバエを根絶させても問題は起きないだろうが、これらが在来種として生息する地域では、同じことを行ってはならないことを意味する。また、日本に在来するミバエ類（150種以上が分布）を絶滅させれば、何かの植物が絶滅する可能性もあるということだ。

ちなみに僕の経験上、人間の場合は花の香りに敏感なのは女性の方である。

植物観察会で、「何かいい香りがするわ」と言って最初に花を見つけるのは決まって女性だし、その女性が手に取った花を僕の鼻に近づけても、香りがわからないことさえある（反対に、僕は獣臭（けものしゅう）や死臭（ししゅう）をまっ先に見つけるのが得意である）。すなわち、ミバエと同様に、女性だけを敏感に惹きつけるフェロモンを花がもっている可能性があるので、男性は花の香りがわからなくても、女性に花を贈ることが大事（かもしれない）、という教訓も、この事例から学ぶことができそうだ。

クマのいる森

緊張のクマ遭遇体験

その日僕は、妻と息子、母の計4人で、広島県と島根県の境にある天狗石山（標高1192メートル）の中腹に来ていた。1歳の息子に初めての山登りを経験させるのと、オオヤマレンゲ※を観察するのが目的だった。2013年9月22日のことだ。

出発が遅くなり、登山口に到着したのは午後1時をまわっていた。コナラやミズナラ、シデ類、ウリハダカエデが多い林で、林内にはチマキザサが茂り、ヤマボウシの赤い実があちこちで食べ頃を迎えていた。標高1000メートルを超え、はっきりした細い尾根まで登ったところで、僕らは休憩をとることにした。午後の日差しが心地よい2時半ごろだった。登山道に座りこみ、おやつに持ってきたおはぎを広げて食べ始めた、その時だった。

ガサッ、ゴソッ、バキッ、ベキッ

※オオヤマレンゲ
モクレン科の落葉低木で、西日本の山地の尾根などに稀に生える。初夏に白い清楚な花をつける。

人間サイズを思わせる足音が、尾根の下の笹ヤブからゆっくりこちらへ登ってくる。

「あれっ？」と、登山慣れした母は小さく言い、僕らは顔を見合わせた。

「キノコ狩りでもしている人がいるのかな？」と僕は思いつつ、足音の方を凝視した。数秒間の沈黙が流れ、足音だけが近づいてきた。次の瞬間、6〜7メートル離れた登山道沿いの笹ヤブから、大きな真っ黒い横顔が、のそっと姿を現したのだ！

「クマだ!!」

皆が心の中で叫んだ。まるでポマードでも塗ったかのようなツヤツヤの毛並みが、太陽に照らされ鮮明に見えた。立っていた僕は、反射的に地面に置いていた一眼レフカメラに手をかけようとした。写真が撮りたかったのだ。その行動は母も同じで、コンパクトデジカメを構えようとしていた。

しかしその瞬間、クマはこちらを振り向き、我々とパチリと目が合うと、激しく驚いて慌てふためき、体を反転させて一目散に尾根の下へと走り去ったのだった——。

その足音が完全に聞こえなくなるのを確認すると、僕らは呼吸を再開させたかのように緊張から解き放たれ、驚愕の遭遇に興奮し、一斉に口を開いた。まさかこんな白昼に、4人でおしゃべりしている目の前に、野生のツキノワグマが現れるとは！　笹ヤブからのぞいた上半身の大きさ、若々しい毛並み、その驚きようや警戒心の低さからして、まだ若いクマだったのでは？　と僕も母も思った。考えてみれば、ヤマボウシの実や、ブナ・ナラ類のドングリが熟す時期だったので、クマも昼間から活発に食事をしていたのかもしれない（クマは日の出日の入り前後によく活動するが、本来は昼行性といわれる）。

「クマと予想できていれば、最初からカメラを構えていたのに……」と、僕は悔やまれる思いもあったが、妻はそれどころではなかった。妻いわく、クマの顔が見えた瞬間に「死を覚悟した」そうだ。そして、息子を抱きかかえて、どの木に登ろうかと考えたらしい。妻からすると、この大ピンチに写真を撮ろうとした夫と義母の神経が信じられなかったらしい。言われてみるとそうだ。驚いたクマがこちらに突進してくる恐れもあったし、守るべき息子と妻の存在など完全に忘れていた僕は、父親失格かもしれない。深く反省しているが、野生のクマとの遭遇は、僕にとってそれぐらい胸を高鳴らせる体験でもあったのだ。

この出来事は、人生で3度目のクマとの遭遇だった。1度目は群馬県尾瀬の木道上で、やはり白昼に、70〜80メートル先で悠然と川を渡るクマを見た。2度目は山口県の山奥で、雨の降る早朝に林道を車で走っている時に、目の前を横切った。ほかにも、姿は見えなくとも、日没間近の山中でクマのような唸（うな）り声や物音を聞いたことが何度かある。いずれも被害はなく無事であったが、世間的には、僕のようにクマとの遭遇に興奮する人は稀で、むしろ厄介な危険生物として歓迎されない空気が強まっている。特に、人間の存在を恐れないクマは〝新世代クマ〟とも呼ばれ、2000年代から各地で増え、集落にも下りてきて人間との遭遇が増えている。

野生動物としての神秘性と、人間への危険性。クマは、私たちが両方の視点から理解せねばならない動物だ。

異常なペースで殺されるクマ

ここに環境省の統計データが2つある。最近10年間（2009～2018年度）で、クマ（ツキノワグマとヒグマ）による人身事故の死亡者数は19人。一方、最近10年間で人間が捕殺（捕獲して殺す）したクマの数は約2万9千頭。死者1人に対して、1500頭以上のクマが殺されている計算になる。もちろん、クマに襲われたが重軽傷ですんだケースや、農林産物や家畜、人家などに被害

筆者が2004年に尾瀬ヶ原で撮影したツキノワグマ。木道上には大勢の人がいたが、クマは気にする素振りも見せず、悠然と川を渡った。クマが全国的に大量出没した年でもある。

を与えて殺されたクマだっているわけで、単純計算できる問題ではない。

ただ、日本全体のクマの推定個体数と比較すると、毎年１～３割ぐらいのクマが殺されている計算になる。地方や県単位で見れば、推定個体数の半数以上のクマが殺された年もある。僕もクマが生活圏に現れる恐怖は知っているつもり（１５８頁参照）だが、この捕殺ペースはさすがに異常ではなかろうか。

九州では、１９５７年に発見された死体を最後に、既にクマは絶滅したとされている。四国では、推定個体数50頭以下と考えられ、健全な遺伝子を残せないとされるレベルまで減少し、絶滅寸前である。次に絶滅が近いのは、「絶滅のおそれのある地域個体群」に指定される西中国山地（島根・広島・山口県）

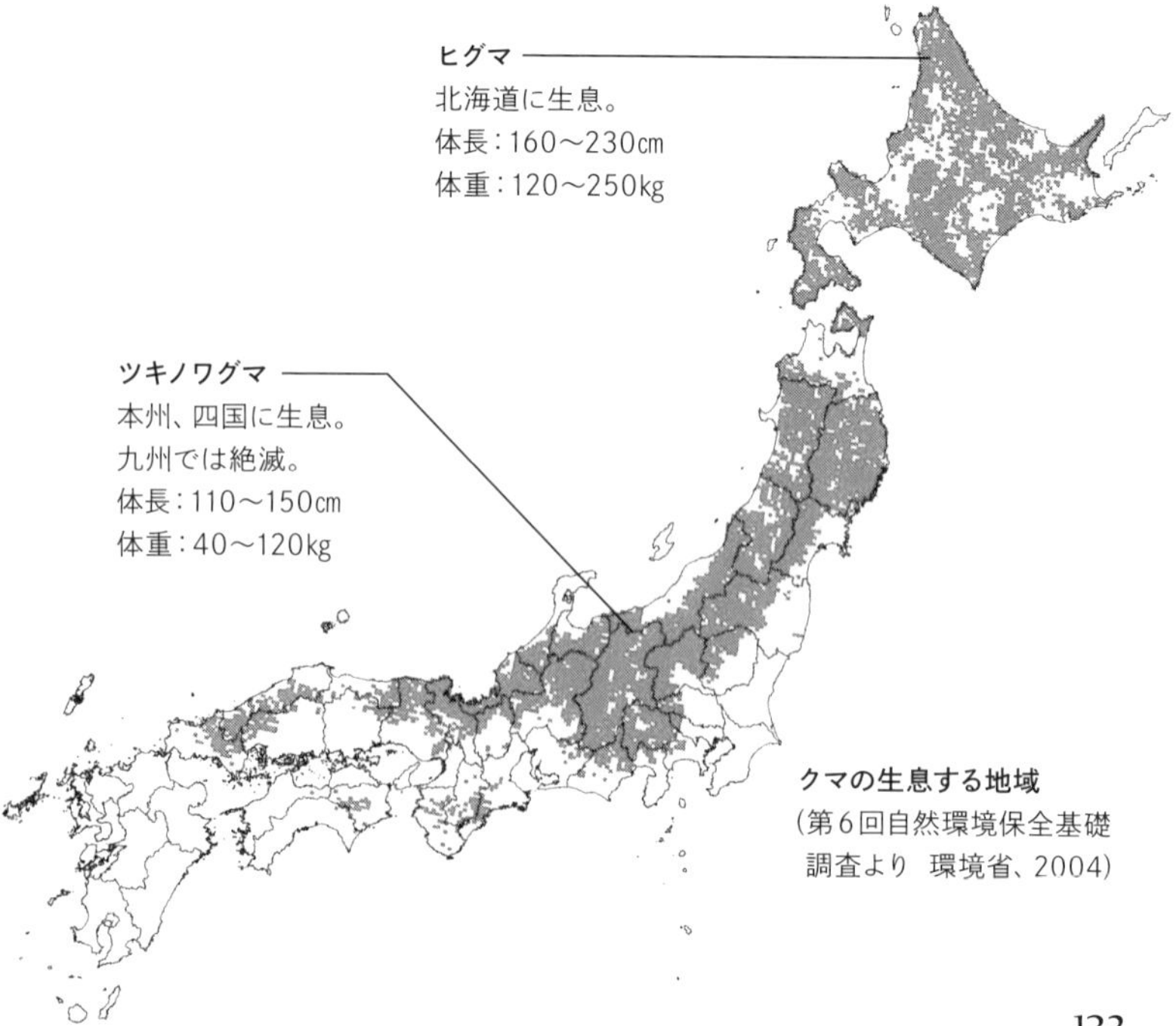

クマの生息する地域
（第６回自然環境保全基礎調査より　環境省、2004）

ともいわれるが、クマが大量出没した２００４年度には、個体数２８０〜６８０頭※と推定されていた中で、年に１７０頭殺している。僕はこうした情報を聞く度に、「日本人はクマを絶滅させたいのか？」という大きな疑問を抱いていた。

クマが絶滅するとどうなる？

クマはアンブレラ種か？　クマはキーストーン種か？　といった議論が、生態学の分野ではあるらしい。これらの用語は比較的新しく、僕が学生の頃には聞いたことがなかったが、今では高校の教科書にも載っているとか。アンブレラ種とは、「①食物連鎖の頂点に立つ動物。②生存のために広い面積を必要とする動物。③その動物を保護することで、多くの生物の保護につながる動物」といった意味で使われているが、三つとも満たす動物だけを指すか否かは、解釈によって違いがありそうだ。アンブレラ＝傘のように、生態系全体を覆う種という概念である。

キーストーン種とは、「生態系の中では比較的数が少なくても、その生物を欠くと、生態系に大きな影響を与える種のこと」と定義される。石造りのアーチで、頂点のくさび形の要石（かなめいし）＝キーストーンを取り除くと、アーチ全体が崩れる例えに由来している。

※2015-16年度の調査では西中国山地の推定個体数は約460頭〜1,270頭とされ、増加している。（自然環境研究センター）

クマは、日本の陸上生態系で頂点に立つことは疑いないだろう。クマを襲う動物は（人間以外に）基本的にいないし、植物食が中心だが、たまには子ジカやヒツジなどを襲うこともある。秋になると、クマは冬眠に備えて大量のドングリなどを求めて食べ歩くから、生存に広い面積が必要なのも理解できる。ただ、クマを守れば他の動植物も守れるのか？　クマがいなくなると、生態系は大きく崩れるのか？　と問われて、すぐに的確な答えを出せる人はなかなかいないだろう。これが議論になっている点であり、今、研究が進められているテーマともいえる。

タネを運ぶクマ

興味深い話題を紹介しよう。ある研究で、東京都の奥多摩に生えているサクラの実を、どんな動物がどれだけ食べているか調べたそうだ。すると、動物が食べた実のうち、約45パーセントをクマが食べ、約25パーセントをヒヨドリなどの鳥が食べ、約10パーセントをアナグマ、同じく約10パーセントをサルが食べ、残りの約10パーセントをテンなどその他の動物が食べたという。

それぞれの動物がタネを運ぶ距離（散布距離。つまりタネを含むフンをした場所）は、アナグマは１００～１５０メートル、サルは１００～６００メートルぐらいが多く、最大１キロ余り運ぶといわれる。さらにテンは、普通５００～１０００メートル、最大で５キロ前後運ぶという。

ヒヨドリなどの鳥はさぞかし遠くにタネを運んでくれるかと思いきや、意外に概ね３００メートル以内といわれ、食べた木のすぐ下にフンが落とされることも多い。鳥は空を飛ぶため少しでも体を軽くする必要があり、食べてからフンをするまでの体内滞留時間は10～30分前後しかなく、タネを運ぶ距離は概して哺乳類より短いことがわかっている。ヒヨドリの観察例だと、６分で排泄されることもあるというから驚きだ。（一方で、カケスがドングリをくわえて約２キロ運んだ観察例

上／ニホンザル。近年増加中の動物の一つ。
下／ヒヨドリ。果実を食べる野鳥の代表種。

ニホンアナグマ。クマと名がつくがイタチ科の雑食性動物で、外見はタヌキに似ている。

もあるし、渡り鳥の羽などに付着したタネが何千キロも運ばれる可能性もあるから、一概に鳥の散布距離が短いわけではない。）

では、最も多くの実を食べたクマはどうかというと、体内滞留時間は人間と同等の平均18〜20時間で、タネを運ぶ距離は平均で1キロ前後、最大で22キロ以上にもなるといわれる。さらに、垂直方向の散布距離を調べた研究では、クマは平均約300メートル、最高で700メートル以上も標高が高い場所にタネを運んだという（テンは平均約200メートル）。これは、春に山麓からサクラが開花するのと同様に、初夏には山麓から果実が熟し、次第に山頂に向かって熟していくのに合わせて、クマも山を登るためと考えられている。つまり、体が大きくて移動距離も長いク

自動カメラに写ったツキノワグマの親子。クリの実が落ちた秋の林内を移動中。（兵庫県）

ツキノワグマのフン。長さ20cm前後のかたまり状や細長い形で、ほぼ人間サイズ。

マは、他の野生動物以上に遠い場所に、重力にも逆らってタネを運ぶ、貴重な散布者である可能性がわかってきたのだ。

なお、クマは一日5〜6回フンをするといわれ、巨大なフンには何百個ものタネが含まれる。そのフンにはネズミが集まり、タネをさらに運ぶ（食用・貯蔵用にする）こともあれば、センチコガネなどの糞虫（ふんちゅう）も何種類も集まり、フンごと地中に引きずりこむこともある。そのような過程を経て、タネが拡散し、次世代のサクラが発芽していくのだろう。

九州のクマとサクラ

クマがよく食べる木の実には、どんな種類があるのだろう？

よく知られているのは、ブナ類、ナラ類、クリなどのブナ科の堅果（けんか）（ドングリ）に加え、夏はサクラ類、ウワミズザクラ類、キイチゴ類、クワ類、グミ類など、秋はミズキ類、ブドウ類、マタタビ類、アケビ類、カキノキなど、人間もおいしいと感じる液果（えきか）が代表的だろう。ほかにも、アオハダ、コシアブラ類、ナナカマド類、ガマズミ類、リンゴ類、エノキ類、クロモジ類、キブシ、マツブサ、クマヤナギ、クルミ類、カヤなども食べ、意外なものではカエデ類やカバノキ科の果実もクマのフンから見つかるようだ。

このうち、ブナ科やクルミ類の果実は、種子ごとかみ砕かれてしまうので、クマは種子散布に貢献していないだろうが、とにかく、食べられそうな木の実は大概食べていることがわかる。すなわち、クマが存在することで、多様な植物が広範囲に種子を散布でき、分布域を広げることができている、と考えられる。

では、既にクマが絶滅している九州で、クマが果実を食べていた樹木はどうなっているのだろう？　九州は本州より温暖だが、山地にはクマが十分棲めそうなブナやミズナラの深い森が広がっている。ただ、クマが好むサクラ類を見渡すと、絶滅に瀕している樹種が結構多い※。たとえば、本州のブナ林では最も普通なサクラといえるカスミザクラとオオヤマザクラは、九州では数カ所にごくわずかしか自生しておらず、しかも両種とも2000年前後に自生地が見つかった相当な希少種だ。同様に、クマがよく食べるミヤマザクラも絶滅危惧種に指定する県が多いし、本州でも個体数が少なめのキンキマメザクラやチョウジザクラは、九州ではやはり絶滅に瀕している。九州のクマが絶滅したことと、九州の山地性のサクラが絶滅に瀕していることは、果たして偶然だろうか？

サクラ類以外でも、サナギイチゴ、ミヤマウラジロイチゴといった山地性のキイチゴ類が絶滅に瀕しているし、ブドウ類では、日本中でも九州のごく一部にしか自生しないクマ

※九州のバラ科サクラ（Cerasus）属で個体数の多い自生種は、低地を中心に分布するヤマザクラのみである。

ガワブドウが、やはり絶滅の危機を迎えている。ほかにも、ノカイドウ、シマバライチゴ、クマヤマグミ、オオクマヤナギなど、クマが好みそうな果実をつける九州の絶滅危惧種を多数挙げることができる。もちろん、本州でも絶滅危惧種はたくさんあるわけで、これらすべてがクマの絶滅で数が減ったとは思わないが、今も本来の数のクマが九州に生息していたなら、これらの植物の分布や個体数はどうなっていたのか、興味深いところだ。

なお、クマは江戸時代の頃から日本各地で狩猟の対象にされ、食肉、毛皮、熊胆(ゆうたん)（クマの胆嚢(たんのう)。薬用に高値で取引され、世界的にもクマ乱獲の要因になっている）を目当てに、あるいは害獣として人間に狩られてきた。九

大分県の祖母山・傾山系。深い山が連なり、今もクマやオオカミの生き残り説がある。

上／カスミザクラの果実。6～8月に熟す。
下／クマイチゴの果実。熊が名の由来。

州のクマも、おそらくクマ猟が絶滅に追い込んだのだろうが、絶滅して70年前後経っているにもかかわらず、九州と本州の森の生態系に大きな違いを見出せないとすれば、クマの絶滅の影響は、極相林(きょくそうりん)※の形成と同様に数百年かけてじわじわと顕著になるのかもしれないし、僕たち人間が、その影響を測るだけの知見や技術をまだもっていない可能性がむしろ高いだろう。いずれにしても、生態系の頂点に立つ日本最大級の哺乳類＝クマが、キーストーン種でもアンブレラ種でもないということは、僕はあり得ないと思う。

クマがつくる環境

クマが生態系に及ぼす影響は、種子散布以外にどんなものが考えられるだろう？

まずは、秋にブナ科樹木などで見られる「クマ棚(だな)」を考えてみよう。クマ棚とは、クマが木に登って果実を食べる際に、多数の枝を折って樹上に重ね合わせたものである。実際にクマ棚を見るとわかるのだが、ドングリやクリの実を食べるためだけに、かなりの量の枝が折られ、しばしば樹下にも大枝が落ちている。細い枝先についた果実を、人間と同等の体重をもつツキノワグマが食べるには、こうするしかないのかもしれないが、人間が同じことをやればとんでもないマナー違反で、「乱暴だ！」と批判されることだろう。

※極相林：その土地の植物群落が最終的に行き着く（遷移する）林のこと。条件によるが、裸地から極相林まで300年以上、伐採跡地からでも100年以上かかると考えられる。

ミズナラの木に作られたクマ棚（矢印）。多くの枝が折られた結果、林冠が開けて空がよく見えるようになっている。（神奈川県 10月）

けれどもクマなら許される。大量の枝が折られることで、いわゆる「林冠（りんかん）ギャップ」と呼ばれる穴が森の天井（林冠）にぽっかりと開き、クマ棚の下の林内に日光が差し込むようになると、陽地を好む植物、たとえばクマイチゴ、ヤマブドウ、サルナシのようなクマが好きな果樹がよく育つようになるのだ。

林冠ギャップは、自然界では強風、落雷、大雨による倒木（とうぼく）や幹折（みきお）れ、枯死（こし）などで発生し、動植物の多様性を高める重要な「攪乱（かくらん）※」の一つとして知られている。研究によると、ツキノワグマがクマ棚などで作った林冠ギャップは、それ以外の自然現象で発生した林冠ギャップの面積に比べると、2〜6倍も広かったという。つまり、クマが〝乱暴〟に枝を折ることで、森の生物多様性が相当高まっていると考えられるのだ。

※攪乱：かき乱す意味だが、生態学では、それによってより多くの生物が棲める環境ができる場合など、プラスの意味で使われることも多い。

木の幹につく爪痕（つめあと）は、クマの存在を知るよいサインだ。クマは木から下りる時、５本の鋭い爪を幹に立て、引きずるように下りるので、クマ棚ができた木の幹には、引きずったような爪痕が残ることが多い。けれども、実際に山を歩いていると、木登りに関係なくつけられたような爪痕も見かける。それが爪研（と）ぎなのか、威嚇（いかく）のサインなのか、遊びなのか、目的はわからないが、そうした深い爪痕を見ると、いかに頑丈な爪で、強い力をもっているかは、身震（みぶる）いするほどよくわかる。

ミズキの幹につけられたツキノワグマの爪痕。

僕はある時、こうしたクマの爪痕から樹液が出て、チョウやクワガタが集まっている写真を見せてもらい、驚いた。その樹液をクマ自身がなめることもあるという。なるほど、クマはエサが少しでも増える可能性を期待して、無意味にも見える爪痕をつけていたのでは？　いずれにしても、ここでもクマの〝乱暴〟な行為が、生物の多様性を高めている可能性があるかもしれない。

ほかにも、一部のツキノワグマは、木の幹の樹皮をはぐ「クマはぎ」と呼ばれる行為をすることが知られている。樹皮をはいで、内部の形成層（けいせいそう）と呼ばれる樹液が多い層（甘皮（あまかわ）とも呼ばれる）を食べるのだが、興味深いことに、クマはぎのターゲットとなるのはたいてい針葉樹で、中でも植林されたスギやヒノキに被害が多いという。樹皮がはがされる範囲が幹の全周に及ぶと、その木は枯れてしまう。クマはぎの被害が発生しているスギ林を見ると、まるで人が間伐（かんばつ）したかのように、クマはぎで枯れた木が絶妙に点在していることがある。ちょうど、「巻き枯らし」と呼ばれる環状に樹皮をはぐ間伐手法にそっくりなのだ。

　このことは、シカが樹皮をはぐ「シカはぎ」の場合も似ている。僕が初めて植林地のシカはぎを見たのは、神奈川県の丹沢山地にあるヒノキ林だった。人が管理を放棄したため、ヒノキが過密状態になり、林床植生はほとんどなく、土壌流出も

クマはぎに遭ったスギ人工林。明るい色（実際は茶色）に見える三角樹形の木が、クマはぎで枯れたスギ。間伐と違うのは、比較的大きな木が狙われることが多いこと。（静岡県）

目立つなど、放棄人工林問題を象徴するような暗い林だった。その林内に、シカが樹皮をはいで白光りしたヒノキが点在する光景を見て、僕は「シカが間伐をしている！」と皮肉ながら思った。

林業家にとってクマはぎやシカはぎは、有用木を傷つけられて被害を被ることも多く、深刻な問題として受け止められる※が、クマやシカにとっては、エサの乏しい人工林が山奥まで広がっていることが深刻な問題だ。クマやシカたちは暗い人工林を減らし、林冠ギャップをつくって草木を茂らせ、自然林に近づけたいわけで、その意味ではこうした「樹皮はぎ」は理にかなった行為といえるだろう。

クマの話に戻そう。クマはぎは、幹の一部だけがはがされることも多い。この場合、木は枯れずに生き続け、樹皮をはがされた部分が、後に細長い樹洞（洞）になることが多い。木材としての商品価値は大きく低下するが、そうした樹洞にはニホンミツバチの巣がしばしばできる。ニホンミツバチとは樹洞によく巣を作り、クマがそのハチミツを好むことで有名だ。そう、つまり、クマが好物のミツバチの巣を作らせるために、わ

スギの樹皮の一部をクマがはいだ痕。形成層をかじった歯形がついている。

※それが理由で、四国のクマは賞金をかけて駆除され、絶滅寸前に追い込まれた。

ざと樹皮をはいで樹洞を作っている可能性がありそうだ。自分ではいだ場所なら覚えておけるし、クマにとっては賢いアイデアといえるだろう。

それに、クマは冬眠をする時に樹洞を利用することが多いので、将来的には自ら（現実的には子孫）の寝床になることも期待できる。大木の多い原生林なら樹洞もあちこちに見られるが、原生林をことごとく人間に伐採され、かつ大量の針葉樹を植林された現在の山地では、なかなかクマが入るサイズの樹洞に巡り合えないわけで、自ら樹洞を作る知恵を得たとしても不思議ではないし、原生林の樹洞だって、昔からクマがたくさん作ってきた可能性もあるだろう。

戦後の復興でスギやヒノキの拡大造林が盛んに行われた１９５０年代頃から、各地で顕著になり始めたといわれるクマはぎ。樹皮をはぐ本当の理

スギの樹洞にできたニホンミツバチの巣。クマはぎでできた樹洞かもしれない。

樹齢300年級のアカガシの古木にできた樹洞。クマが冬眠できそうなサイズ。

由は何なのか？　科学者の間では、単にエサ不足で形成層を食べるためだけなのか、針葉樹に含まれる精油成分（α－ピネン）に惹きつけられているのか、あるいは繁殖期のマーキングなのか、という3つの説があり、はっきり解明されていないようだ。僕はこれに、「暗い人工林に攪乱を起こして棲みやすい環境をつくるため」という、「クマには知能がない」と考える人は失笑するであろう説も、ぜひ加えてほしいと思う。

すなわち、多くの動植物をエサとするクマが、多くの動植物が棲める環境を意図的につくり出している可能性を、否定はできないということだ。

クマと共存するために

では、どうすればクマと人間は共存できるのだろう？　僕は、「自然環境の再生」と「クマへの社会的な理解」、それに「食料・木材の自給率大幅アップ」が鍵だと思っている。

まずは、本来のクマの生息地である奥山の自然を健全な状態にすることが本筋だろう。現在の日本では、森林の4割を針葉樹の人工林が占めている上に、シカの異常な増加のために、自然林でも草木が激減した林が増えている。木材自給率が30パーセント台と低い状況で、人工林が多すぎといえる立場にはない※が、少なくとも管理放棄した奥山の人工林

※日本は現在の人工林面積の潜在的な木材生産量と同等の木材を消費しており、日本の木材輸入による海外の森林破壊も深刻である。

は自然林に戻すのが正論だろうし、同時にシカ問題の解決も必須だ。

また、クマの負の側面に過剰に振り回されるのではなく、クマの特性や置かれた状況を、社会全体で冷静に理解することも求められる。その上で、人身事故を防ぎ、クマと人間との緊張関係を保つには、人間に執着をもってしまった個体の駆除はもちろん、猟師による健全な狩猟も重要な意味をもつのだろう。

そもそも、クマに限らず野生動物が人間の生活圏に出没している問題は、日本の農林業が衰退して、農山村の住民が激減して高齢化した結果、それまで緩衝(かんしょう)地帯の役割を果たしていた山麓の田畑や里山が次々と放棄されてヤブになり、人間と野生動物の生活圏が隣り合わせになってしまったことも要因といわれる。ヤブを刈り払うとか、カキなどの果樹や生ゴミを放置しないとか、クマ鈴をつけて歩くとか、集落に侵入したクマは捕獲するとか、最前線での対策は今も行われているが、対処療法だけでは問題は解決しない。

農林業衰退の背景には、世界一の工業立国を目指し、そのために農林業を犠牲にしてきた日本の政策があるわけで、僕はその経済最優先の価値観を転換させない限り、問題の根本的な解決は難しいと思う。農林業は経済的価値で測るものではなく、自然環境の保全機能を有し、生命の根源であるからこそ自給する価値があるはずだ。いずれにしても、クマと向き合うことは、人間の知性と自然への理解力が試されるテーマだと思う。

山梨県大室山のブナ・イヌブナ林。

シカの多すぎる森

森の異変

上の森の写真を見て、何か気づくことがあるだろうか？

ここは富士山の北西麓、樹海の中にぽつりとそびえ立つ大室山(おおむろやま)の原生林だ。樹海といえば、富士山の噴火による広大な溶岩上に成立した針葉樹中心の林だが、大室山は小高くなっているために溶岩の被害を受けず、古くからあった広葉樹林が残った貴重な場所である。ブナやミズナラ、イヌブナなどの大木が多く残り、僕が訪れてきた森の中でも、気持ちがよくて好きな森の一つだ。

で、何か異変に気づいていただけただろうか？

注目してほしいのは、林内の地面（林床）に草木がほとんど生えていないことだ。地面から人の背丈ぐらいまでの高さに葉が茂っておらず、はるか遠くまで見渡すことができる。太い木の根が、少しむき出しになって見えるのも、これに関係しているかもしれない。

僕はこの森に初めて訪れた時、

「なんてシカの多い場所なんだ！」

と思った。そう、このように地上2メートル前後までの植物がなくなる線を「採食ライン」（ディアライン：deer line）といい、シカ（ニホンジカ※）が多いことを意味する。増えすぎたシカが、首を伸ばして届く高さまでの草や低木を食べ尽くしているのだ。実際に、キビタキやオオルリの声が響き渡るこの森で、僕はじっと立ち尽くして感慨に浸っていると、遠くで何かがガサッと動く物音を聞いた。顔を向けると、１００メートルほど先をシカが走り去るのが見えた。シカがつくる見通しのおかげで、はっきりと見えた。

林内の景色は、まるできれいに整備された公園のようで、おそらく初めてこの光景を見た人なら、見通しの良さと足もとに鬱陶しいヤブがないことに、快適さを覚えるだろう。反対に、山野草の花を見に来た人や、山菜摘みに来た人なら、絶句するに違いない。手の

※シカ：日本の在来種はニホンジカ1種。エゾシカ（北海道）、ホンシュウジカ（本州）、キュウシュウジカ（四国・九州）、ヤクシカ（屋久島）などの亜種に分けられる。

シカの少ないブナ林。ササや低木などの林床植物がよく茂っている。（鳥取県大山）

届く所にはほとんど植物がないのだから。

　参考までに、ふつうのブナ林も見てもらおう。上の写真はシカが少ない鳥取県・大山のブナ林である。ご覧の通り、低木やササ、草などが茂って、地面も見えなければ林内の見通しも悪い。林齢（林が成立してからの年数）や環境の違いはあれど、日本の自然林であれば、このように上から下まで植物が適度に茂り、高木、亜高木、低木、草本という4つ階層を形成するのが通常である。一方のシカが多すぎる森では、草本層と低木層の大半が欠如しているのだ※。

シカと植物のせめぎ合い

※ヒノキやスギが過密な放棄人工林や、シイやマテバシイの単一樹種による二次林では、シカがいなくても林床植物がほとんど生えないことが多い。

シカが多い森でも、林床植物が結構残っていることはある。どんな植物がよく残るかというと、トゲをもつ植物（メギ類、バラ類、アザミ類など）、毒をもつ植物（シキミ、アセビ、バイケイソウ類、テンナンショウ類など）、嫌な香りや苦味をもつ植物（マツカゼソウ、マルバダケブキ、コシダなど）などである※。そのため、林内はこれらの植物ばかりが茂って単調な植生になるので、やはりシカが多いことが一目瞭然だ。

シカだって負けてはいられない。トゲの多いヒイラギの葉が、シカにかなり食べられていることもある。被害を受けたヒイラギも、負けじと再び葉を出す。その葉は、大きさが一回り小さい代わりに、トゲが大型化して数も増えることが多い。だから、小さくてトゲの多いヒイラギの葉を見れば、そこはシカが多い森と推測できるのだ。

シカを〝神の遣い〟として崇める広島県の宮島では、駆除されないシカと闘うカンコノキ（コミカンソウ科）の壮絶な姿が見られる。カンコノキは本来、高さ4メートル前後になる低木で、長さ5センチ前後の葉の基部に短いトゲをもつ。だが、シカに食べられ続ける

シカにかじられ、葉が小型化して、トゲが著しくなったヒイラギ。（山梨県）

※毒、嫌な香り、苦味の区別は実際には曖昧で、シカが好まないという意味。不嗜好性植物と呼ばれる。

と、やはり葉が1センチ前後に小型化してトゲが長くなる。加えて、シカに食べられるせいで上に枝を伸ばせず、地面に張りついた円盤状の矮性低木になるのだ。僕はこの宮島の対岸に数年間住んでいたのだが、そんなカンコノキがあちこちに点在する宮島北東部の海岸風景は、実にユニークで感慨深い。

同様に、シカが「神鹿」と呼ばれる奈良県の奈良公園には、蟻酸※を分泌するトゲをもつイラクサ（イラクサ科の多年草）が自生している。人間がイラクサに触れようものなら、小さなハチに刺されたような鋭い痛みを感じ、赤く腫れて厄介なのだが、シカはこのイラクサを食べようと試み続ける。イラクサは負けじとトゲを増やし、体を小さくしながらも生き続ける。その結果、奈良公園のイラクサは、

上／矮性化した宮島のカンコノキ。下／葉はツゲのように小さく、トゲは長くなっている。

奈良公園に隣接する春日山のイラクサ。葉の表面や葉柄、茎のトゲがかなり多い。

※蟻酸：アリやハチなどがもつ酸性の液体。

通常のイラクサと比べてトゲの数が50倍以上も多くなっているという。そのイラクサのタネをシカがいない環境で育てても、やはり多くのトゲをつけるというから、イラクサが遺伝子的に進化しているのだ。

それだけではない。シカの多い山地では、有毒植物として有名なミヤマシキミやトリカブトさえもシカにかじられ、枯死することもあるから驚きだ。ササが密生する森の場合は、まるで芝刈り機で刈ったかのように、地際10センチ前後にササがきれいに低くそろった状態になる。こうしてあらゆる林床植物を食べ尽くしていくと同時に、シカたちはまた新たな食べ物を探すのだろう。

手っ取り早いのは樹皮だ。シカは昔から、植林したヒノキやスギの苗木を食べる害獣と

シカに食べられて枯死したミヤマシキミ。代表的な有毒樹木もこの有り様。

シカに樹皮をかじられたマユミ。シカが好む木の一つ。

して知られていたが、シカが増えた森では、太いヒノキやスギの樹皮も結構かじられている（１４３頁参照）。そのため、林全体を防護柵で囲ったり、木一本一本にシカ食害防止用ネットを巻いた植林地も増えている。もちろん自然林の木もかじられる。実際に各地の森を歩いていると、特定の樹種がよくかじられていることに気づく。僕の感覚では、シカによくかじられる木トップ４は、ミズキ、リョウブ、ウラジロモミ、カエデ類だ。これらに共通するのは樹皮が比較的薄いことで、反対に、厚く堅い樹皮をもつコナラやクヌギがかじられているのは見た記憶がない。

当然ながら、シカは人里に下りて畑の農作物、たとえばイネ、マメ、イモ、ミカン、ハクサイ、トウモロコシ、飼料植物なども幅広

シカよけの防護柵がある場所と、ない場所の比較。ほとんど草木がない柵外（左）と、多くの草木が茂る柵内（右）を見比べれば、シカ食害の影響は一目瞭然。

く食べる。シカの被害が急増した農耕地帯では、同じく急増したイノシシと合わせて、山と農地の境に防護柵や電気柵などを何キロも延々と張り巡らせ、それでもかいくぐってくる野生動物たちとのイタチごっこで、精神的にも金銭的にも疲れ果てている。ただでさえ採算が厳しい農林業の現場に、さらなるコストと労力がかかっているのを想像すると、なんとも嘆かわしい。こうしたシカと植物、シカと人間がせめぎ合う光景は、決して珍しいことではなく、今の日本では本当にあちこちで見られるようになった。

このように、シカが従来食べなかった植物を食べるようになった現象は、全国一律に見られるものでもないようだ。地域によってシカがトライする植物は異なっており、その土地の植生や環境に応じて、適応と進化を試みているのだろう。

たとえば、ミヤマシキミの葉がかじられていた山梨県の山では、近くにシカの下痢便が観察できた。シカも食中毒を起こしながら試行錯誤を経て、生き延びるために新しいエサを必死に探しているのかもしれない。それは、戦前戦後の食糧難にあえぐ日本人が、ドングリやタケノコを必死にアク抜きして食べたり、虫やカエル、ネズミまで食べたのと似ている。シカの多い離島として有名な宮島や宮城県の金華山(きんかざん)(島)では、シカの体が2〜5割も小型化しているが、戦時中の日本人もやはり体が小さかったようだ。

シカ被害の〝先進地〟丹沢山地

シカは落ち葉も食べる。エサが豊富な環境では食べる必要がなくても、林床植物が少なくなった森や、食料の少ない冬場は、落ち葉も貴重な食料になるという。それ故に、シカが増えすぎた森では、地面の落ち葉もなくなり、露出した土壌が乾燥して栄養分も減り、そこに育つ高木もダメージを受けて枯れ始める。つまり、森林が衰退してゆき、土壌が雨風で次々と流出し、ついには山体が少しずつ崩壊していくのである。

60年以上前からシカが多いことで知られ、その被害も深刻な神奈川県の丹沢(たんざわ)山地では、林床植物が単調化して激減しているだけでなく、ブナ林も次々と枯れ、土壌の流出が目に見えて著しい。懸命な植樹活動や土留(どど)めの設置も行われてもいるが、現地で見る限り、問題は根本的解決に向かっているとは思えない。

ブナ林の衰退原因については、酸性雨、温暖化など、時代とともに主犯格の容疑者が代わってきたが、2016年の神奈川県の調査報告書では、大気汚染(オゾン)、乾燥化(水ストレス)、ブナハバチによる食害の3要因を挙げている。しかし、これらの根底には、増えすぎたシカによる極端な食害が影響しているのは間違いなく、僕は「主犯はシカ」と言ってもいいと思う。シカによって森林が乾燥化した結果、ブナの抵抗力が落ち、大気汚染やブナハバチの被害を受けやすくなったことは、報告書内にも示されている。

　僕はこの丹沢山地南麓の秦野市に4年間住んでいた。時に雪をかぶる丹沢の山並みを眺めて暮らす生活は最高だったが、一方で、山に登るほど単調になる植生が痛々しく、この森があまり好きになれなかった。それでも、山麓の里山地帯はシカの被害もほとんどなく、草木も多くて豊かな場所だった。

　ただ、シカが増加した地域は、もう一つの不快な悩みを抱える懸念がある。ヒル（ヤマビル）の大量発生だ。ヤマビルは、シカやイノシシに寄生して血を吸うが、人間の血も大好物。ふだんは湿り気のある落ち葉の下などに潜んでおり、動物の出す二酸化炭素や熱に反応して、素早くシャクトリムシのように移

丹沢山地の蛭ヶ岳（標高1673m）。稜線はシカ食害によって背の低いササ原が広がる。ブナなどの立ち枯れが目立ち、関東大震災で生じた崩壊地が今も崩れ続ける。（2006年）

動し、足もとからよじ登ってくる。そして、柔らかい肌が露出した部分に吸着するのだ。痛みは感じないが、血液の凝固を防ぐ物質（ヒルジン）を注入されるため、なかなか血が止まらず、しばしば１週間前後かそれ以上もかゆみが続いて厄介だ。

　僕も何度も丹沢の山中で血を吸われたが、ヤマビルがいるのはシカの多い山奥で、自宅や畑の周辺にはいなかった。ところが最近の丹沢山麓では、シカ、ヤマビル、それにクマも、年々と低標高に下りつつある。山奥が荒れた状態で食べ物が少ないのだから、当然といえば当然かもしれない。ヤマビルがシカにくっついて低地の田畑や集落にも侵出したら、農作業や子どもの外遊びさえ気軽にできなくなり、住民にとっては大問題だ。

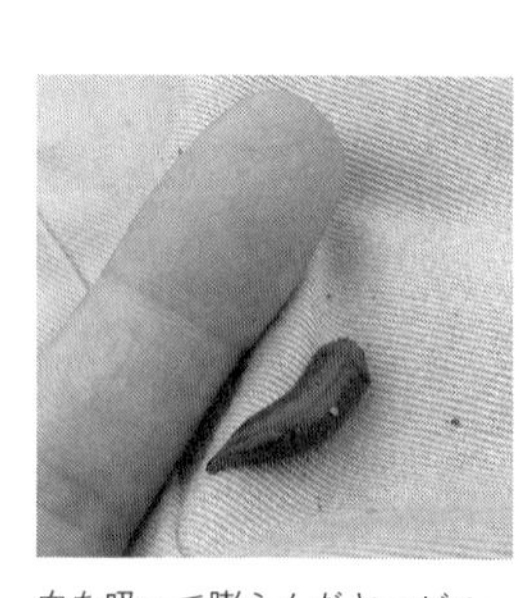

血を吸って膨らんだヤマビル。歩く時は伸びる。

　クマの出没ももちろん深刻である。僕が住んでいた２００８年頃までの秦野市は、クマの目撃情報といえば主に標高７００メートル以上の山中や、低くても主峰とつながった標高３００メートル前後のキャンプ場などであった。ところが、２０１０年頃からは、集落に囲まれた標高２００メートル前後の里山にも出没するようになり、２０１８年には一般観光客が多く訪れる弘法山（標高２３５メートル）のハイキングコースに出没し、罠にかかったクマが殺処分されている。弘法山といえば、市街地から車で５分で登れるサクラの名所で、観光パンフレットにも必ず載っている。そこにクマが現れたと聞いて、とにかく驚いた。かつて僕が住んでいたアパートは、弘法山から3キロ離れた集落の端（標高150メートル）にあったのだが、そのすぐ隣に見える雑木林でも目撃情報があったらしく、クマと背中合わせに暮らす住民の気持ちを察することになった。すなわち、駅やバス停からの往復も、子どもたちの通学も、畑に通うあぜ道も、夜の駐車場も、すべてクマとの遭遇を警戒せざるを得ないだろう。その一方で、丹沢山地に生息するツキノワグマはわずか40頭前後と推測され、神奈川県の絶滅危惧種の最高ランクⅠA類に指定され、原則として殺さずに学習放獣※する方針になっているが、前述の個体を含めて、最近3年間に4頭がやむを得ず捕殺されている事実はいたたまれない。

シカ問題とクマ問題は、必ずどこかでリンクしている。シカが過剰に増えることで、野生動物のエサとなる草木が減るだけでなく、森林が衰退し、地形が崩れ、生物のバランスも崩れ、厄介な生物が人間の生活圏に紛れ込んでくることにもなるのである。

なぜシカは増えたのか？

シカは少し前まで、日本にまんべんなく生息する動物ではなかった。シカがいる地域

※学習放獣：捕獲後に、唐辛子スプレーを吹きかけたり爆竹を使うなどして、人間が怖いことを学習させてから山に放すこと。

と、いない地域があった。ところが、1978年から2014年までの36年間で、シカの分布域は約2・5倍に広がったといわれ、北海道を除いた推定個体数は300万頭前後（2016年）と、調査開始の1989年から約10倍に膨れあがっている。

先ほどお見せした大山（だいせん）のブナ林は、シカの生息密度が1平方キロあたり3頭以下とかなり低い（適度な）密度なのに対し、林床植物が見事になくなった大室山や丹沢山地の生息密度は、1平方キロあたり20～30頭前後かそれ以上とかなり高い。この高密度でシカが生息する森が、関東以西の森林の3割前後にも達している。地域単位でシカが好む植物から次々と姿を消し、その植物に依存する虫や動物たちも当然減り始めているはずだ。このままシカが右肩上がりで増え続ければ、日本の生態系は劇的なダメージを受けるだろう。

ではシカはなぜこんなに増えたのだろう？　まずは、シカ本来の生息地である低地の森林や草原を、人間が開発しつくしたことから考えたい。シカといえば山の動物と思われがちだが、江戸時代の初期には、平野部の草原や田畑周辺、雑木林などに多く生息していたといわれる。当時の関東平野にはススキなどの広大な草原があり、将軍・徳川秀忠や家光は、東京の板橋で毎回数百頭ものシカを狩ったという※。今の関東平野はどうだろう？　世界最大といわれる市街地がどこまでも広がり、郊外は農地で埋め尽くされている。点在して残った雑木林や河原の林は、市街地や道路、鉄道、堤防などの人工物に囲まれ、シカ

※江戸時代初期の江戸市街地および近郊の景観を描いた江戸図屏風には、板橋に棲む多くのシカが描かれている。

が棲む連続的な森林と草原が広がる環境はほとんど見当たらない。シカは山へと追いやられたのだ。

明治時代の前後で、シカの個体数と狩猟をめぐる状況も大きく変化したといわれる。明治維新で食肉文化が持ち込まれ、シカ肉が普及した上、シカの毛皮や角も利用価値があったため、銃の普及とともにシカは多く狩猟され、乱獲で個体数が著しく減っていったようだ。

昭和に入ると、今度は戦後の復興特需で山にスギ・ヒノキが大量に植林され、日本の森林の4割は人工林に変わった。さらにその後、日本は政策転換して木材輸入を自由化したため、海外から安い木材が大量に輸入されると国内の人工林は次々放棄され、シカの食べる林床植物やエサ場となる伐採跡地もますます減ることになった。これに前後して、戦後から各地でシカの狩猟禁止が広がり、

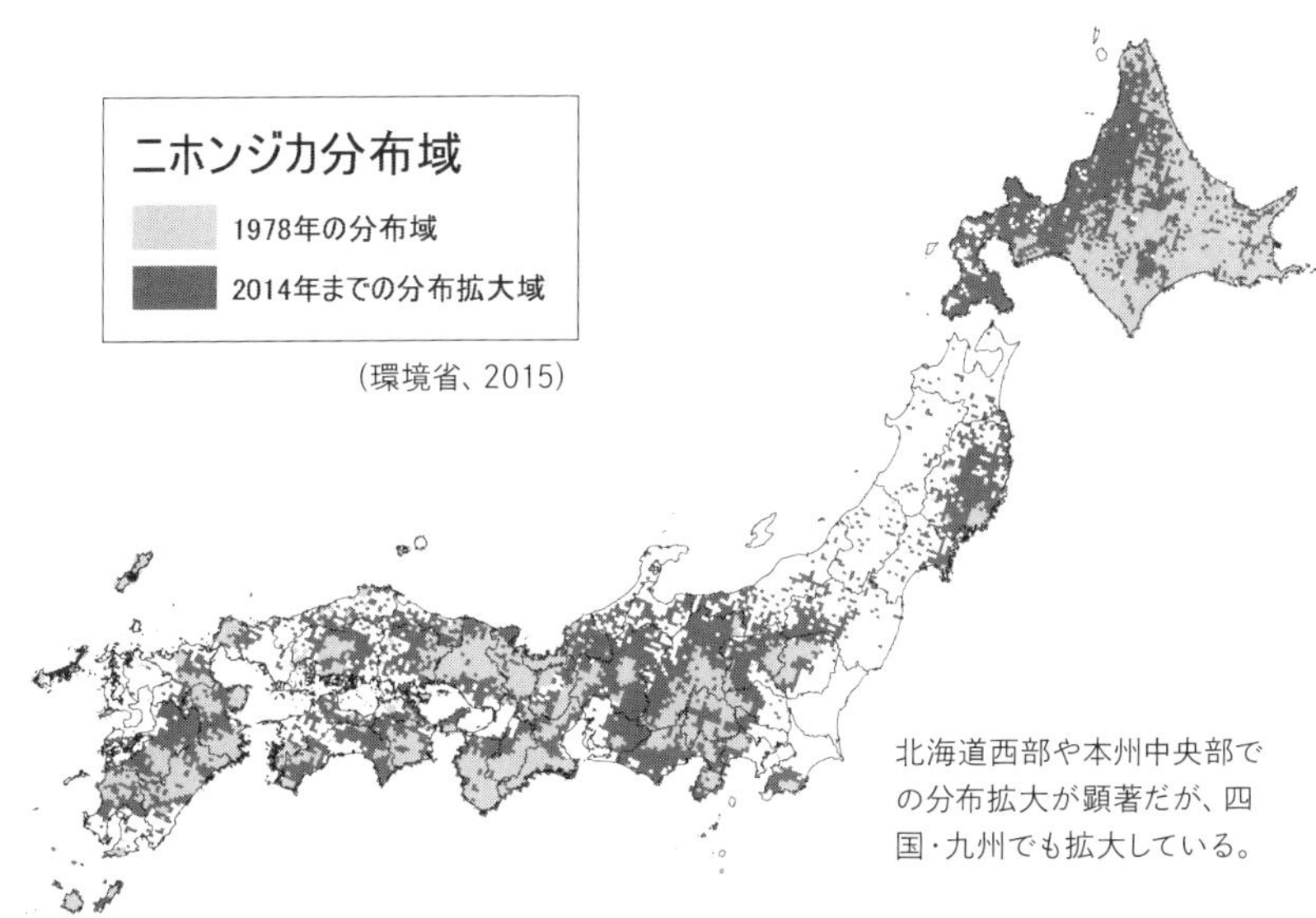

北海道西部や本州中央部での分布拡大が顕著だが、四国・九州でも拡大している。

シカを保護する政策へと転換した。そして昭和の後期、１９７０年代にシカの個体数はかなり回復し、平成に入る１９８０年代後半から、今度はシカによる農業被害や植生被害が顕著になり始めたのだ。シカは人間に居場所を追われつつ、生息環境を変えてきたと言えるだろう。

一つ知っておきたいのは、江戸時代〜昭和初期は、燃料（薪・炭）や建材、茅、食料、肥料（落ち葉）の大半を国内で自給していたため、ハゲ山や草原が相当多かったことだ。反対に今は、使われなくなった里山や畑に次々と植物が茂り、大規模な川の氾濫や土砂崩れの発生も抑えられているので、かつてないほど森林化が進んでいる。シカが増えて森林を衰退させる現象は、減りすぎた草原環境を取り戻す作用と考えられなくもない。

いずれにせよ現代は、シカ肉はほとんど食べられなくなり、毛皮や角の用途も激減し、シカの需要が大きく減った。そのため、猟師の収入も数も減少し、高齢化し、シカ猟が解禁されても積極的な狩猟が行われなくなったことも、シカ増加の要因といわれている。

これに対し、国は若者向けに狩猟の魅力をアピールしつつ、シカの駆除を進め、全国で年間60万頭ペースで捕獲（狩猟含む）し、食肉利用（ジビエ）も進めている。北海道産エゾシカのハンバーガーやステーキのように、一定の普及効果も感じるが、現実にはシカの食肉利用は１割弱で、大半のシカは森に捨てられているという。巨大な死体の大量放置は、倫理的な問題に加えて、新たな生態系の変化を起こすリスクをはらむ。シカの死体はクマを強く引き寄せ、クマの栄養状態を向上させ、近年のクマ急増を助長している可能性も指摘されている。国は毒エサ（硝酸塩）によるシカの駆除実験にも取り組み始めているが、自然の循環に組み込まれない対処療法は、同様に別の問題を引き起こすだろう。

また、温暖化もシカの増加を後押ししていると考えられている。雪に弱いシカは、積雪地では細い足が埋もれて身動きできなくなってしまうため、過去にも大雪で大量死したことが知られている。しかし、近年の急激な温暖化で積雪が減少し、これまでシカが分布していなかった北日本の日本海側や、標高2000メートル以上の高山にも、次々とシカ（イノシシも）が姿を見せ始めている。シカの食害によって、尾瀬のニッコウキスゲ、日光のシラネアオイといった象徴的な花が壊滅的に激減し、南アルプスのシナノキンバイやハクサンイチゲのお花畑が姿を消し、そこをエサ場にする天然記念物のライチョウ（雷鳥）も絶滅が危惧されるようになった。

シカの死体。銃殺した翌日にはクマに持ち去られるケースも多いという。

日本の生態系にとって未知なる経験が、今次々と進行しているのである。

鍵を握るオオカミ

なぜオオカミは絶滅したか

シカ問題を考える上で忘れてはいけないのが、天敵であるオオカミ※の絶滅だ。日本のオオカミは、明治の末期、１９０５年に奈良県の山中で捕獲されたのを最後に、確実な記録は途絶えている。もともとオオカミ（狼）の語源は「大神」ともいわれ、オオカミを祭った神社があるように、山を守る神としても崇められてきた。田畑を荒らすシカやイノシシを食べてくれるのがオオカミであり、農家がそのオオカミに感謝するのは必然ともいえよう。また、アイヌ民族はオオカミが行う巧妙な猟に畏敬（いけい）の念を抱いたという。そんなオオカミが絶滅した原因は諸説があるが、僕なりにまとめると次の３点が重要だと思う。

①明治維新で肉食・牧畜・オオカミを嫌う欧米文化が入り、オオカミが駆除の対象になった。
②オオカミのエサとなるシカやイノシシが乱獲で減少し、オオカミも減少した。
③狂犬病※が日本に入ってオオカミにも感染し、駆除の対象になった。

もともとオオカミは、毛皮や薬用目的に狩猟されていたようだが、明治時代に入ってか

※オオカミ：世界にタイリクオオカミ1種のみが生息し、ユーラシア大陸周辺と北アメリカ大陸に分布する。本州・四国・九州にはその亜種ニホンオオカミが、北海道には亜種エゾオオカミが分布していた。

らは家畜の害獣としての認識が高まり、賞金や毒エサを使ったアメリカ方式のオオカミ根絶活動が各地で行われた影響は大きいだろう。いずれにしても、北海道~九州の各地で、それぞれの事情とタイムラグがあったはずで、駆除政策、エサの減少、感染症など、複数の要因で人間に振り回されつつ、日本のオオカミは絶滅したといえそうだ。

オオカミといえば、「赤ずきん」や「三匹の子ぶた」などに象徴されるように、かわいい家畜や人間をも次々食べる悪者のイメージを僕たちも植えつけられてきたが、これも明治維新後に欧米から輸入された価値観で、少なからずオオカミの絶滅を後押ししたのだろう。実際に人を襲う事例はほとんどなくても、欧米では残忍な〝悪魔の獣〟〝近代化にそぐわない猛獣〟といった偏見が相当強かったようで、オオカミを徹底的に駆除して絶滅させたのは、

ニホンオオカミの剥製。世界に3体あるうちの一つが、東京の国立科学博物館に展示されている。柴犬より少し大きく、中型犬程度。(撮影協力:国立科学博物館)

※狂犬病:すべての哺乳類が感染する。咬まれることで感染し、致死率が非常に高い。日本国内では1957年以降発生していない。

ヨーロッパの主要国やアメリカの大部分でも同じである。

僕は、自らの自然観や、理科の授業で生態系の食物連鎖を習った経験から、「日本人はなぜオオカミを絶滅させたのだろう?」と、長く疑問を抱いてきた。

イエローストーンのオオカミ再導入

ある日僕は、とても興味深い事例を知った。アメリカのイエローストーン国立公園※で、絶滅したオオカミを再導入した話だ。この取り組みは〝20世紀最大の実験〟とも呼ばれて世界中から注目され、自然環境に劇的な改善をもたらした成功例として知られている。

イエローストーン国立公園では、毒エサや銃、罠によってオオカミ(ハイイロオオカミ)が駆除され続け、1926年までに絶滅していた。その後、増えすぎたシカ(アメリカアカシカ=エルク、ワピティ)によって植物が減り、川辺の林(河畔林(かはんりん))も衰退し、川岸が崩れ、それらの環境に棲むさまざまな虫や動物も減っていたという。

1995年、そこにカナダで捕獲されたオオカミ31頭が放たれた。すると、シカは約1万6千頭から4~5千頭に減り、オオカミは100頭前後に増えた。驚くことに植物の数も種類も増え、それを食べる鳥や虫も増え、ヤナギやポプラの河畔林が復活して、川の

※アメリカ北西部の主にワイオミング州に位置し、面積は約90万haで四国の半分ほどの広さ。世界最初の国立公園であり、世界遺産でもある。

流れが緩やかになった。そこにダム状の巣を作るビーバーが戻り、ビーバーの作る環境を棲みかとする魚や両生類が増え、それを食べるカワウソも増えた。逆に、オオカミと競合するコヨーテ（オオカミより小型のイヌ科肉食獣）は減り、コヨーテが食べていたウサギやネズミが増え、それらをエサとするキツネやイタチ、ワシ・タカ類も増え、そして動植物を幅広く利用するクマも増えたというのだ。

なんというダイナミックな生態系の変化だろう！　もちろん、これらの因果関係はここに書いたほどシンプルではなく、その他の生物の影響や、気候変動、自然災害、感染症などの諸要因によって動植物の数は常に増減しているわけで、オオカミ以外の影響もあるかもしれない。

しかし、単純な個体数だけでなく、オオカミの存在によってシカの行動が変化したことにも注目したい。すなわち、逃げ道の限られる川辺や、小さな谷、急斜面に囲まれた場所、向こう側が見えない台地状の地形など、シカにとって

アメリカ・イエローストーン国立公園内を流れる川

危険な場所で草木を食べなくなったのだ。これは人間による駆除では得られなかった効果で、植生の回復に大きな効果をもたらした。また、オオカミの存在というストレスによって、シカの妊娠率が低下することもわかっている。シカにとっては天国から地獄へ突き落とされたように映るが、オオカミがいることでシカ本来の俊敏性や鋭い感覚が戻り、また、オオカミは体力が劣る個体や病気にかかった個体から襲うので、オオカミによってシカの優秀な遺伝子が選抜され、シカの伝染病蔓延を防ぐ一面があることも知っておきたい。何より、オオカミ再導入から20年以上が経って、生態系が大幅に回復しているのは明らかで、オオカミはその鍵を握る生物＝キーストーン種（１３３頁参照）だったのである。

なお、導入後のアメリカでオオカミによる人の死亡事故は起きておらず※、イエローストーン国立公園でも、人が警戒すべき動物はオオカミではなくクマと言われている。一方、オオカミがウシやヒツジなどの家畜を襲う事故は発生しており、その被害は民間の基金や行政によって補償され、家畜に被害を与えたオオカミは駆除してよいことになっている。こうした現実的な利害関係とうまく折り合いをつけながら、オオカミは再導入できたのだ。

もちろん、再導入までは一筋縄ではなく、大変な苦労や議論があった。特にアメリカは、放牧が盛んで畜産業界の猛反発があった上に、オオカミへの過剰な恐怖も強かったので、当初は議論さえできず、再導入に対する妨害、政治的圧力、裁判など、さまざまな障

※人になれたオオカミ（餌付け、ゴミに集まる等）は人身事故を起こす恐れが高まるので、駆除されることになっており、イエローストーンでは2012年までに1頭が駆除されている。

害があったという。しかし、生物学者らの研究でオオカミの重要性が揺るぎないものになり、種の保存法※でオオカミが絶滅危惧種に指定されると、政府は1975年にオオカミ再導入の方針を決めた。ところが、そこから実際に導入するまで20年も要しており、超えねばならないハードルがいかに高かったかを物語っている。

日本へのオオカミ再導入の可能性

では、日本にオオカミを再導入することはあり得るのだろうか？

シカの増加が深刻化した1990年代、一部のシカ研究者や動物生態学者らによってオオカミ再導入の提案が始まっていた。2005年、北海道の知床(しれとこ)が世界遺産に登録された際に開かれたシンポジウムでは、イエローストーンから視察に招かれた生物学者らによって、「知床の生態系にはオオカミの復活を検討すべき」と提言があったという。

元来、日本では本州〜九州にニホンオオカミが、北海道にエゾオオカミが生息していたが、いずれも絶滅しているので、もし導入するなら、距離的にも遺伝子的にも近いアジア大陸産のタイリクオオカミと考えるのが自然だ。これらは亜種※の関係で、ニホンオオカミは推定体重15キロ前後、エゾオオカミは推定体重35キロ前後でタイリクオオカミに近い

※アメリカの種の保存法（Endangered Species Act）は、ESA、絶滅危惧種法、絶滅危惧種保護法とも表記され、日本の種の保存法より強い効力をもつ。

※亜種：種の下の階級。種としては同種だが、形態や分布が異なる集団。

大きさだったとされる。ならば、まずは北海道のどこかでタイリクオオカミを実験的に導入するのが最もハードルが低いように思える。最初は島で行うのが理想的と感じるが、群れで広い縄張りをもつオオカミが健全に生き続けるには広大な面積（1・5万〜5万ヘクタールとも）が必要なので、半島を包囲して行うのが現実的になる。とすると、やはり原生自然が残る知床半島※が最有力だ。日本の生態系に適したタイリクオオカミの個体群を選ぶことや、実験中のオオカミは完全コントロール下に置き、問題が起きた場合は確実に駆除すること、家畜や人間に被害が生じた場合の補償制度などは必須だろう。

しかし当然ながら、オオカミの再導入に反対する意見も多い。

前述の知床のシンポジウムでは、日本側の研究者は「オオカミ再導入の生態的な正しさとメリットはわかるが、日本はアメリカと行政制度が異なり、財政、人員も貧弱で、市民の意識も違うため、人との軋轢（あつれき）が防止される保証がない限り、オオカミ再導入に対する一般の合意は得られないだろう」といった旨を回答をしている※。

また、シカ・イノシシの捕獲を啓発する環境省のパンフレット※には、「安易に外国産のオオカミを導入することは、生態系への様々な影響が懸念され、家畜を襲う事例もあることから、人々の安全に対する不安などの社会的な問題もあります。我が国でも、捕食性の外来生物を野外に放した結果、様々な生態系や農作物の被害などが確認されています。

※知床半島全体の面積は約10万ha、知床国立公園の面積は約4万ha。

※朝倉裕「日本語版『ウルフ・ウォーズ』に寄せて」（白水社、2015）より。

※『いま、獲らなければならない理由（わけ）-共に生きるために-』（環境省、2015）

こういったことからも、現在生息していないオオカミの導入は慎重に考えることが必要であり、人の手による捕獲を進めることが有効です。」と、消極的な見解が記されている。

確かにアメリカと日本では、国土の面積、自然環境、人口密度も相当違うので、同じ方法で成功するとは限らないし、亜種であっても外来種（外来亜種）は絶対に導入すべきではないという考えは正論である。ただ、亜種という線引きは人間が主観的に決めたもので、研究の進展とともにその意義や線引きは変わり得るし、イエローストーンでも、本来生息していた亜種シンリンオオカミではなく、カナダ産の別亜種アラスカオオカミを導入して成功している。

アメリカのロイヤル島では、オオカミが大陸から凍った水面を25キロ以上も歩いて渡り、棲みついたことで知られるが、今後の長い年月と気候変動の中で、アジア大陸のオオカミが自力で日本に渡ってくる可能性もゼロではないだろう。だとすれば、在来生態系がピンチを迎えている今、

知床五湖の展望台とエゾシカ。知床でも増えすぎたエゾシカの食害による植生衰退が著しく、同所に棲むヒグマのエサが激減し、ヒグマの食性も変化している。

人間によって失われたものを、人間の手で慎重に償うことが許されないだろうか。

前出の環境省のパンフレットでは、マングース（フイリマングース※）導入の失敗例を暗に出しているようだが、もともと日本に科レベルでも存在しなかった肉食獣を、肉食獣自体が存在しなかった沖縄本島や奄美大島に〝新規導入〟した例は、オオカミの再導入と比べるとかなり次元が違う。マングース導入の目的はハブ退治だったが、マングースは昼行性、ハブは夜行性である上に、オリの中と違って、ほかの小動物が豊富にいる環境では、マングースは危険を冒してハブを食べようとはしなかった。代わりに、ヤンバルクイナやアマミノクロウサギ、キノボリトカゲ、昆虫類といった、肉食獣に免疫のない固有動物を次々食べ、深刻な事態を起こしたのだ。今の生態学の知見からすると滑稽（こっけい）にすら思える有名な失敗例だが、わずか半世紀前にはこれが予測できなかったわけで、そう考えると、半世紀後の人類はオオカミ再導入の是非でもめる私たちを笑っているかもしれない。

ちなみに現在は、環境省によるマングースの駆除事業が進められ、何万個もの罠の設置、島を横断する柵の設置、イヌを使った捜索などで、約20年かけてようやく沖縄本島北部や奄美大島で根絶に近づき、在来動物の数も回復しつつある。ただ、市街地が広がる沖縄本島の南半分は駆除の対象外で、マングースは我が物顔で沖縄の生態系に紛れ込んでいる。

※マングース科、アジア大陸原産。体型はイタチに似る。世界の侵略的外来種ワースト100に指定され、ハワイや熱帯各地にも野生化している。

この原稿を書いている最中も、沖縄本島の恩納村（おんなそん）にある拙宅の横では、マングースが側溝から顔を出し、ヤブへと走り抜けている。昔はたくさんいたというキノボリトカゲを、今この地で目にする機会はほとんどない。

知らないものに抱くイメージ

人食いザメを描いた映画『ジョーズ』※をご存じだろうか。巨大なホオジロザメが次々と人を襲うパニック映画である。この映画が流行した頃、どれだけの人が海を過剰に恐れ、海に入らなくなったことか。僕は当時から今まで、何百回も海に潜っているが、人を食べるサイズのサメを一度も見たことがない。確かにサメに襲われる事故は稀に聞くが、日本で最近10年間にサメによる確実な死亡事故は1件もないし、世界全体の統計でも年間の死者は10人前後といわれる。珍しいサメの事故がいかにセンセーショナルに報道され、「海は人食いザメであふれている」と人々が思い込んでいるか、おわかりだろう。実際には車に乗ることの方がよほど死の危険が高いのに、人間は知らない存在（サメ、オオカミ、クマ、宇宙人など）に過大な恐怖を抱く習性があることを、しっかり自覚しておきたい。

では、イヌとオオカミのイメージは、何が違うだろう？　両者は外見上の区別が困難で、

※アメリカ／スティーブン・スピルバーグ監督、1975年。その後、ジョーズ2、3、4復讐編と1987年まで続編が公開されヒットした。

交雑もするように、イヌはオオカミの一亜種に分類されている※。イヌにも一定の危険性がある※ものの、誰もが知っているから社会的には受容されている。アメリカの研究者らが、世界中のイヌ85品種を対象に、オオカミに近い遺伝子をもつ犬種（けんしゅ）を調べたところ、なんと1位は日本の柴犬で、2位は中国のチャウチャウ、3位は秋田犬だったという。もし、日本の山林を走り回るニホンオオカミの姿が、柴犬そっくりだとしたら、オオカミに対するイメージはずいぶん和（やわ）らぐだろう。知らないものに抱くイメージは、そういうものだ。

いずれにせよ、シカやイノシシによる深刻な被害は待ったなしで拡大し、カモシカやサルの増加も顕著になりつつあり、頂点捕食者を失った日本の生態系の崩壊が加速している。いきなりオオカミの再導入は無理にしても、可能かどうか慎重に検討する必要があるからこそ、実験レベルでも準備を進めておかないと、致命的に動植物が消滅してからでは遅い。アメリカでは既に4つの州でオオカミが再導入され、ヨーロッパではベルン協定でオオカミが保護動物に指定されて生息域を取り戻しつつあり、スコットランドでも再導入の計画があるという。生態系の仕組みは現在の科学でもわからないことだらけで、僕自身もオオカミについては勉強し始めたばかりだが、日本固有の生態系を取り戻すために何が必要か、タブーなしで本質的な議論をする段階に来ていると思う。

※オオカミを家畜化したものがイヌと考えられ、東アジアがイヌの発祥地として有力視されている。

※環境省統計によると、最近10年間（2008～2017年度）でイヌの咬傷事故による死亡者数は20人で、クマと同レベルである。

第四章 人間は自然の中か外か

ナンゴクミネカエデ（実寸大）

ここまで、葉の形、植物と動物の関係、そして人間との関係について、僕の考えや経験を紹介してきた。こうして話を広げていくと、ある大きな疑問に突き当たる。それは、「人は自然の中か外か？」という問いだ。最後の章では、やや哲学的なこのテーマについて、日々感じる素朴な疑問を例に出しながら、もう少し突き詰めてみたい。

植物は人間を意識しているか

紅葉はなぜ美しいのか？

秋は、人と樹木が最も近づく季節だと思う。なぜなら、人々は鮮やかに紅葉した森に足を運び、樹上から舞い落ちるカラフルな葉や、つややかな果実を手にできるからだ。

ではなぜ、紅葉はこれほど美しいのだろう？　花や果実が美しいのはわかる。花粉を運んでもらう虫や、タネを運んでくれる動物を惹(ひ)きつけるためだ。でも紅葉の場合、色づいた後は落葉するだけで、その鮮やかさに何の役割もないように見える。じつは科学的にも、紅葉が鮮やかな理由に定説はない。紅葉図鑑※を作ってきた僕にとっても長年の疑問だが、もちろん仮説は考えている。

まず思いつくのは、紅葉の色で木や果実の存在を鳥や獣に伝えていることだ。たとえばかぶれる木として有名なハゼノキは、秋にどの木よりもまっ赤に紅葉するので、僕は子どもの頃から紅葉の色でその位置を覚えていた。赤色は鳥にもよく認識される色なので、秋〜冬に熟す果実を鳥に知らせることができる。ハゼノキの果実は、ロウ分が豊富で高カロリーなので、多くの野鳥に好まれるが、ベージュ色で目立たないため、紅葉の赤色でアピールできれば好都合だ。ちょうどマタタビ類が、葉の一部を白やピンク色に変えて花の存

ハゼノキの果実（核果）と紅葉。果実は冬も長く枝に残る。

マタタビは花期に葉が白く変色し、花（矢印）を目立たせていると考えられる。

※林 将之『紅葉ハンドブック』（文一総合出版、2008）、『秋の樹木図鑑』（廣済堂出版、2018）

在をアピールするのと同じ理屈である。実際に、沖縄や中国～東南アジアが原産といわれるハゼノキは、かつてロウ採取のために栽培された西日本を中心に、鳥にタネを運んでもらうことで広く野生化し、分布の拡大に成功している。

この仮説は、ハゼノキを含むウルシ科をはじめ、同じく赤系の紅葉が美しく、鳥散布(とりさんぷ)の果実を秋につける樹種にはすべて当てはまる。ナナカマド類、ガマズミ類、ニシキギ類、ブドウ類、スノキ類、タラノキ、カキノキ、ナンキンハゼなどがそうだ。一方、サクラ類やキイチゴ類のように初夏に果実をつける木でも、秋に鮮やかな紅葉を見せることで、あらかじめ木の位置を覚えてもらう効果は十分あるはずだ。葉色の違いが顕著な芽吹きや紅葉の季節は、人間にとっても空中写真や橋上から特定の樹種を探すのに最適である。

ただ、紅葉の盟主であるカエデ類にはこの仮説が当てはまらない。風で散布される翼果(よくか)※をつけるからである（鳥や獣がカエデの翼果を食べることはあるので、動物散布がゼロではないと思うが）。では、ほかにも紅葉の色に意味があるのだろうか？

一般に紅葉は、日当たりがよい葉（光合成が盛んで糖分が多い）ほど赤色が強く、気温や雨量なども色の鮮やかさに関係していることは知られている。それとは別に、現場で観察してわかることは、若い木ほど紅葉が赤くなる傾向が強いことだ。たとえばコナラやミズナラの成木は、黄色く紅葉した後に褐色化してオレンジ色っぽくなる（褐葉(かつよう)）が、樹高

※翼果：一部が翼状になった果実で、風を受ける構造になっている。カエデ類の翼果はp.175の画像を参照。

2~3メートルの若木では、赤系に紅葉した個体が多く見られる。さらに、樹高50センチ以下の幼木では、暗い林内でもかなり赤く紅葉した個体を見かける。赤色の色素（アントシアニン）は糖分から生成されるので、つまり、若い木ほど葉に糖分が多いと考えられる。

それと関連して、近年有名になった説が、「紅葉の色は害虫に対するシグナルで、その木の防御力の高さを示す」という、イギリスの進化生物学者の主張だ。その研究によると、北半球の樹木262種を調べたところ、赤く鮮やかに紅葉する木ほど、紅葉期に産卵に訪れるアブラムシなどの害虫が少なかったという。なるほど、確かに赤く紅葉する木ほど糖分が多いから、栄養状態がよくて害虫に対する抵抗力も高いことが予想できるし、アブラムシ類が黄色く弱った葉を好むことからも、この説は理解できる。ただ僕は、それが紅葉する最大の目的とは思えない。害虫の多い少ないは結果論かもしれないし、オオモミジやケヤキのように、個体によって紅葉の色が赤、オレンジ、黄色と異なる樹種もあるし、それらが赤色だけに淘汰（とうた）されていくようには見えない。

もちろん、紅葉の色はたまたま美しく見えるだけで、その色に意味はない、という考え方もある。特に、黄色の色素（カロテノイド）は光合成のためにもとから葉に存在しているので、少なくとも黄色の紅葉（黄葉）には意味がない可能性は高い。赤色の色素については、葉緑素が分解してできたタンパク質を葉から回収する際に、強い光から葉を守るサングラスのような役割として生成されるとする説があり、この考え方だと、鮮やかさは関係なくて、色素としての役割はあることになる。カナメモチやモミジのように、若葉が赤く色づく樹種が多いのも、同じパターンと考えられるだろう※。

いずれにしても、何か一つの目的で紅葉の鮮やかさが説明できるのではなく、いくつかの目的や結果が絡んで、紅葉は赤、オレンジ、黄色などのカラフルな色をしていると考えるのが妥当かもしれない。

最後に、僕の究極の仮説をもう一つ紹介しておきたい。それは、「鮮やかな紅葉で人間に美しいと思わせて、植物や自然を守らせるため」という目的だ。現存する植物にとって、いくら虫や動物を惹きつけても、人間を惹きつけることができなければ、たちまち伐採されるか、山ごと開拓されて絶滅に追い込まれる恐れがあるのが現実である。植物が超現実的に生き残る戦略をとっているとすれば、今の地球上で人間を味方につけておくことは、最重要事項の一つだろう。

ある講演会で、僕がこの持論を話したところ、年配の女性から意見をいただいた。「人間に美しいと思ってもらいたくて紅葉すると考えるのは、あまりにも人間中心主義的な考え方ではないか?」という、ごくまっとうなご指摘だ。けれどもよく考えると、その

※若葉が赤く色づくのは、若葉を紫外線から守る目的や、害虫に見えにくい色のためとの説がある。

根底にこそ、人間中心主義的な意識がある可能性はないだろうか？　すなわち、「知能のない植物が、人間を認識し、戦略を練り、姿形を変えることなどできるはずがない」という、植物を見下す人間側の常識だ。「操られているのは人間の方かもしれない」という可能性を認めてこそ、客観的なモノの見方ができると思うのだが。

なお、客観的に人間の感受性を考えると、こう言い換えることもできる。「人間は、自らが生き残るために、紅葉や自然の色を美しいと感じる本能と感性を備えている」と。自然の色を美しいと感じなければ、緑萌える森林も、青々とした海も、澄み切った青空も、人類はもっと早くに破壊して、とっくに自滅していたかもしれない。

庭の園芸植物は作戦成功？

人間を惹きつけた結果、見方によっては繁栄しているように見える植物は多い。庭や花壇で、美しい花実をつける園芸植物や、食用になる果樹や野菜などだ。

たとえば、トサミズキ（高知）、トキワマンサク（静岡・三重・熊本）、シデコブシ（愛知・岐阜・三重）などの花木は、カッコ内に自生する県を記した通り、もともと自然界では局所的にしか分布しない稀産種だが、美しい花を人間に見初められたことで、人間が大量に増殖してくれて、全国各地に植えてもらうことができた。そこから勝手に野生化した話はまだ聞かないが、将来の気候変動や生態系の変化によっては、植栽(しょくさい)個体から子孫が広がる可能性を秘めている。

赤い実が美しいセンリョウ、マンリョウ、カラタチバナなどは、庭木から鳥がタネを運んで野生化することが多く、既に本来の自生個体と植栽個体から増えた個体の区別がつかなくなっており、近年の温暖化に対応するように、北日本へと分布北限を広げている。これらの例では、分布を広げたい植物側の思惑が、人間を介することで見事に成功しているように見える。

モモ(縄文)、カキノキ(弥生)、ユズ(飛鳥)、ビワ(奈良)など中国原産とされる果樹は、カッコ内に最古の渡来記録がある時代を記した通り、

庭先で咲いたゲンカイツツジ。珍しいツツジで、西日本の岩場などに自生する。

高知県の蛇紋岩地に自生するトサミズキ。しかし、東京の公園でも普通に見られる。

数千年も前に人間によって日本に持ち込まれ、地域によっては在来種のごとく野生化している。今でいえば外来種問題に当たるが、縄文人あるいは数万年以上前の旧石器時代の〝原始人〟が持ち込んだものも「外来種」と呼ぶのが、果たして適切だろうか？　いつ持ち込まれたのか、あるいは在来種だったのかを正確に突き止めるのは困難だが、これらの果実が太古の人間を食用、薬用に魅了した作戦は成功している。

ツツジ類も昔から庭木に人気だ。トウゴクミツバツツジ、ゲンカイツツジ、シャクナゲなどの自生地を見に行くと、人を寄せつけない山奥の岩尾根や、急峻な崖などに細々と育っている印象を抱く。ところが、麓の古い集落を歩くと、これらの樹種があちこちの庭先で立派に育っていたりする。そう、実際は、採りやすい場所の個体はすべて人間に採り尽くされただけかもしれないのだ。「ひどい話だ」と思うところだが、よく考えると、これらの植物は個体数が減ったとは限らず、庭で人間に手厚く保護されて育っている上に、増殖されていたりもする。当の植物からすると、「作戦成功！」の可能性もあるのではないだろうか？

厳しい自然環境の中で、他種と競争しながらたくましく生き残ることと、人間に守られて、豊富な肥料とスペースをもらってぬくぬくと生きること、植物にとってどちらが幸せで、どちらを望んでいるかは、人間の価値観では測れない。どちらにせよ、人間が植物を利用するだけでなく、植物も人間を利用しているならば、これはある種の相利共生(互いに利点のある共生関係)だ。もちろん、ミバエとミバエランのように、特定の送粉昆虫や土中の菌類と本物の相利共生関係を築いているラン類なども多いので、園芸用採取を一概に肯定するつもりはないが、アリに蜜を与えて護衛させているアリ植物のように、人間も植物の〝ターゲット〟にされている可能性を感じずにはいられない。

自然は保護するものか

人間は木の実を食べてはいけない?

日本各地の名の知れた山岳、湿地、原生林などの自然景勝地を訪れると、その核心エリア(山頂周辺など)は国立公園や国定公園の「特別保護地区」に指定されていることが多い。関東地方でいえば、尾瀬、那須岳、戦場ヶ原、日光東照宮、筑波山、妙義山、雲取山、三頭山、外房の海岸林、丹沢山、箱根、伊豆諸島、小笠原諸島などだ。特別保護地区では、草木の採取などが一切禁止され、落ち葉一枚、木の実一つたりとも持ち出せないことになっている。こうした原生的な自然環境が残る場所は貴重であり、人間の関与を最小限にすること自体は賛成だが、これに関して僕は昔から一つ疑問を抱いている。

「人間は自然の中に含まれないのか？」という疑問である。鳥やサル、カモシカなどの野生動物は、特別保護地区か否かも関係なく、自由に木の実や葉を食べている。ところが人間だけは「見るだけ」で、木の実を食べることとさえ許されないのだ。

たとえば、高山植物のクロマメノキやツルコケモモ、スノキなどの果実は、ブルーベリーの仲間でおいしいし、タネをその辺に捨てれば、種子散布にもなる。現実的には、そこに人間の作為（たとえば大量に実を採って売るとか）が入ることも多いし、タネを散布しない人も多いだろうし、大勢が食べると野生動物の分がなくなってしまう。そもそも、高山は人間の生息域ではないともいえる。

クロマメノキの果実。径1㎝の黒紫色。ライチョウやテンも食べる。ツツジ科スノキ属。

では、どのような場合なら人間も「自然の中」に含まれるのだろう？　たとえば、人間の生活圏である里山や低地でも、国や都道府県が指定する希少な植物の採取が禁止されている場合がある。これらの植物の実を人間が食べて、タネをペッと吐き捨てるか、飲み込んで近くで野グソでもすれば、人間も生態系の一員として役割を認めてもらえるのではないか？　決してタネをティッシュに包んでゴミ箱に捨ててはいけない。決して水洗トイレにウンチを流してはいけない。お行儀が悪くてワイルドな人こそ、自然の循環に組み込まれるのだ。

僕も山登りをしながら、どうしても我慢できずに、森の中で野グソをしたことが何度もある。誰にも見つからないように茂みに身を潜めて、少し穴を掘ってしゃがみこみ、草木と鳥たちの声に囲まれて、大きな用を足す開放感！　大自然の中でやったことがある人ならわかると思うが、こんなに気持ちよく感じるのはなぜだろう？　その答えは、「自然の中」の一員になれた瞬間だからかもしれない。

考えてみれば、人間は生まれながらに木の実を集める本能をもっているように思う。僕の息子が歩き始めた頃、森を散歩すると、教えてもいないのにドングリを拾い始めた。子どもたちは明確な目的もなくドングリを持ち帰り、庭や部屋のどこかに貯め込む。そして、そのまま忘れてカビだらけになることもあれば、運良く庭の隅で芽を出すドングリもある。そう、まさに自然界で、ネズミやリスがドングリを食用に集めて貯め込み、忘れ去られたものが発芽する「貯食型散布（ちょしょくがたさんぷ）」と同じだ。つまり、人間の子どもも、ネズミと同様に小動物としてブナ科樹木に利用されている可能性がある。

興奮してドングリを集める筆者の息子。もはや小動物にしか見えない。

人間を散布者に利用している代表例といえばオオバコ※だ。踏み固められた道端を主な生育地とするオオバコは、人間に踏まれることで、粘り気のあるタネを靴につけて分布を拡大する。登山ブームの昨今では、標高2000メートルを超える亜高山帯にも分布を広げているし、僕はハワイ島キラウェア火山の遊歩道でも見ている。人間の移動距離が時代とともに大きくなるのに便乗して、オオバコも世界中に分布を広げることができるのだ。

それをいうなら、「くっつき虫」の類はみんなそうだし、里山の動植物の大半は人間の生活とともに命を育んできた。人間が雑木を切り、田畑を耕し、水路を通して水を張る。そのサイクルに合わせて、田んぼのメダカやドジョウ、カエル、ホタル、水田雑草、ある

※オオバコ：オオバコ科の多年草。日本を含む東アジア原産の代表的な雑草の一つ。

いは絶滅・再導入されたコウノトリなどは2千年以上も過ごしてきたわけで、これらの野生生物と人間との間に自然の「中 or 外」の境界線を引くのは困難だろう。現在のコンクリート張り、農薬、化学肥料の非循環的な農法はこれらの関係を壊しつつあるが、いわゆる有機農法で里山生活を営んできた人間は、適度な攪乱を起こして、他の動植物にも棲みよい環境を創り出してきたといえる。それはちょうど、クマが森で起こす攪乱と似ており、大型哺乳類のいない均一な森よりも、(適度に) 人間やクマがいる方が環境の多様性が増し、生物の多様性が高まるのだ※。

人間は自然の中か、外か？　その仮の結論を出すなら、自然の循環の下で自給自足的または地産地消的な生活に身を置く人間は「自然の中」で、大量生産や大量消費、都市的なビジネスが絡んだ生活に身を置く人間は「自然の外」であるように思う。実際には、キャンプをする時や家庭菜園を楽しむ時は「自然の中」で、自宅や会社に戻れば「自然の外」のように、現代人は自然の中と外を行き来する存在なのかもしれない。

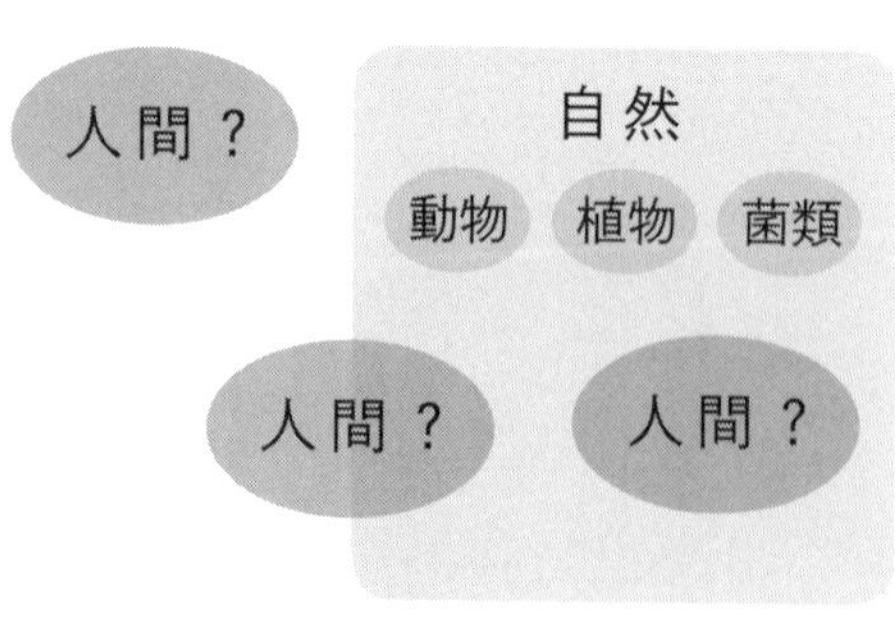

自然と人間の位置関係。人間はどこ？

※環境を改変し、多くの生物が棲める環境を創り出す生物を「生態系エンジニア」と呼ぶこともある。

「自然保護」への違和感

僕はもともと、人間は間違いなく自然の一部で、生態系に組み込まれた存在、すなわち「自然の中」と確信していた。だから、「自然保護」という言葉に違和感を感じてきた。なぜなら、自分も自然の一部なのに、自然を「保護」するというのはおかしいからだ。自分の家庭を守るのに「家庭保護」という言葉を使わないのと同様に、保護という言葉は外部の立場から使う言葉であり、「警察があなたの家庭を保護します」といった文脈で使われるべきだと思っている。「人間が地球の自然を保護します」というのであれば、人間は自然の外にいる何様だろう？　神様に近い存在か、地球外から来た生命体と考えるのが妥当だろう。ところが理科の授業では、今も昔も人間はサルから進化したと教えられている。それが真実なら、人間も間違いなく自然の中の一生物であるはずなのに、いつから外部の存在になったのだろう？

言葉のあやはともかく、少なくとも日本人は、時と場合に応じて、人間が「自然の外」か「自然の中」かを、都合よく使い分けてきたように思う。特別保護地区や外来種の判定では、人間は「自然の外」の存在だが、里山の生態系や、伝統的な野生動物の狩猟を肯定してきた点では、人間は「自然の中」と判断されているように思う。

これには宗教観も大きく影響していると思われ、日本の神道や仏教が、自然を崇めたり、人間と自然は一体であるという価値観をもつのに対して、キリスト教では、「自然は神から人間に与えられたものであり、人間が支配するもの」といった旨が聖書に記されている。日本以上に原生林を開拓し尽くしてしまったヨーロッパや、ゾウやライオンなど貴重な野生動物のハンティングを楽しむ欧米の価値観は、この宗教観によるものも大きいだろう。

そもそも、人間のルーツは自然の中なのか外なのか、今の僕は考えが揺らいでいる。たとえば僕の妻は、「人間は宇宙からやってきた生命体とのハイブリッド（雑種）だよ」と言っている。ミステリー好きの僕は、妻の話をいろいろ詳しく聞いているうちに、確かにあり得るなと思い始めた。今の科学は、人間がサルから進化したことを実証できていないし、地球上には、サルから進化したばかりの人間には成し得ないような遺跡が数多く存在するのもご存じの通りだ。確率論で考えても地球外に知的生命体、すなわち〝宇宙人〟がいるのは間違いないわけで、今も「宇宙人なんているわけない」と信じている学者が人類の起源を研究しているなら、その研究は客観性を欠いていることになる。おそらく百年後の人類は、気軽に宇宙旅行を楽しんでいるだろうし、現代の常識では考えられないテクノロジーをもっているはずだ。ならば、長い宇宙の歴史の中で、地球より先に文明の進んだ星から、地球にやってきている知的生命体がいても、何ら不思議はないはずだ。

話がちょっと膨らみすぎたが、人と自然の関係を追究するには、そこまで考えることも大事だと思う。仮に人間が地球外からの生命体に由来するのであれば、「人間が地球の自然を保護します」という表現は、何ら違和感ないのだから。

共存 or コントロール

こうして人間と自然の関係性をいろいろ考えていると、両者の付き合い方には、大きく二つの価値観があることに気づき始めた。「自然を理解し共存する」という考えと、「自然を制御しコントロールする」という考えだ。前者が「自然の中」に身を置き、後者が「自然の外」に身を置く考え方ともいえるだろう。

たとえば、クマやオオカミと人間がうまく共存する術を探る手法は前者で、クマやオオカミなど危険生物は排除して、シカやイノシシの個体数は人間が管理する手法は後者である。絶滅したオオカミを再導入する行為は、両者の中間かもしれない。人間がコントロールしながらオオカミを導入し、共存へと導く手法だからである。

個人的には、僕は前者の「自然を理解し共存する」方針に賛同したいが、かといって、大昔の原始生活に戻して、不便で危険や病気と隣り合わせのストレスフルな日常を送りたいとは思わない。誰だって便利さを求めるし、自分の生活空間には危険を減らしたいし、病気とも無縁でありたいものだ。そのためには、まず相手（自然）を理解することが不可欠だろう。相手にはどんな性質があり、どんな長所と短所があり、どう付き合えばよいか。リスクのある相手と共存するという意味では、相手を「車」に置き換えると理解しやすいだろう。逆に、相手がカや毒ヘビであれば、特に「長所」は理解しがたいかもしれない。その点では、相手を理解するために科学の力が重要になるだろうし、適度に「制御しコントロールする」技術ももつことが賢明と思われ、それが生物としての人間の進化でもあるのだろう。

反対に、完全なる制御とコントロールを推し進める社会では、〝迷惑生物〟の撲滅運動が起きるかもしれない。まず、人間に必要な動物は、ウシ、ブタ、ヒツジなどの家畜とペットだけだから、オオカミやクマはもちろん、シカやイノシシも絶滅させよう。さらに、遺伝子組換えでカを根絶させる試みのように、マムシ、ハブ、スズメバチ、ムカデ、ゴキブリ、ナメクジ、ヒルなど、危険生物や不快生物はとことん絶滅させたらどうか。海の中なら、サメ、有毒クラゲ、ガンガゼ、オコゼ、イモガイあたりはぜひ絶滅させてほしい。植物なら、ウルシ科、イラクサ、シキミ、ドクウツギなどの毒やかぶれ物質をもつ植物をはじめ、手を切りやすいススキや、駆除が難しいクズあたりも、絶滅させる候補に挙がるかもしれない。もちろん、毒キノコや各種病原菌だって絶滅させた方がいいだろう。

これらのありふれた迷惑生物を絶滅させるとどう悪影響があるのか、今の科学では正確に推測できないだろう。しかし、間違いなく生態系の一部が崩れて、何らかの別問題が発生し、そこにまたコントロールの必要性が生じることだろう。

ちなみに、シカがまったくいない森は、シカが多少いる森に比べて、虫の種類がやや少ないという。大型のサメを乱獲したアメリカ東海岸では、ホタテやハマグリが大きく減少して漁業に悪影響が出た。それがなぜか、わかるだろうか？　シカがいなくなると、シカへの防御機構をもつ植物や、シカが作った草地に生える植物が、他の植物との競争に負け

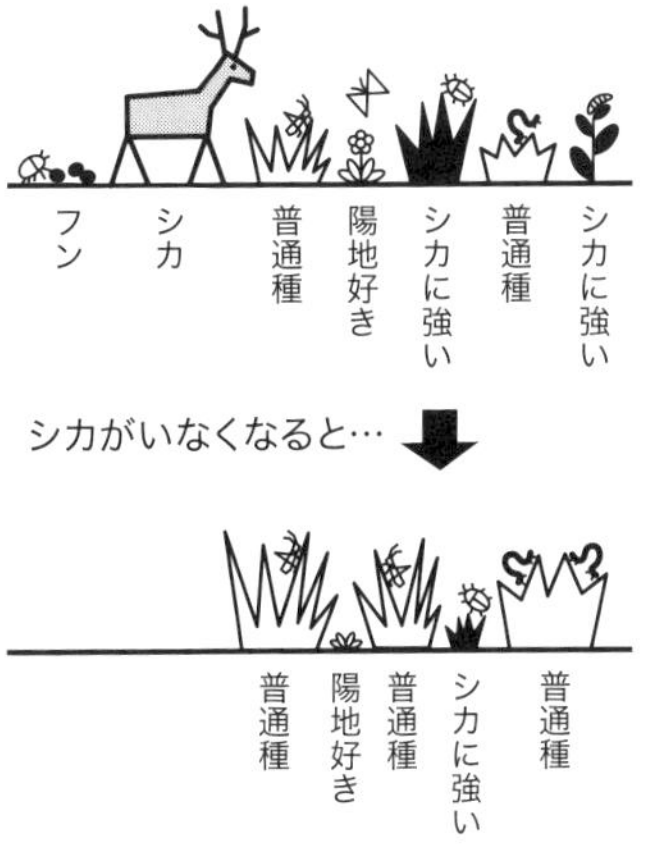

シカがいなくなると森の植物や虫がどう変わるか。植物も虫も普通種が増え、環境も単調化するだろう。筆者の想定による作図。

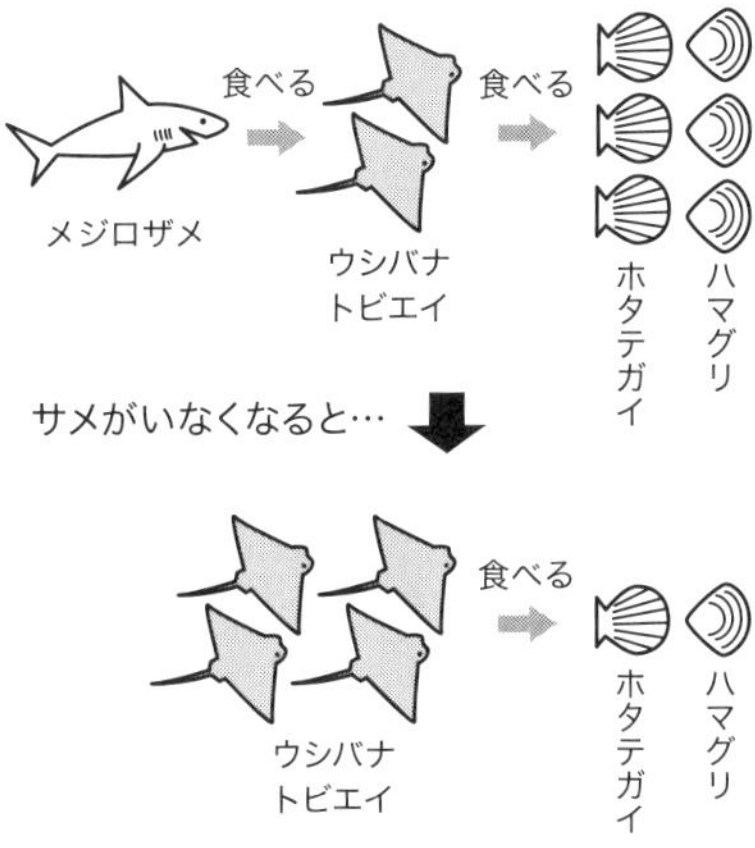

アメリカ東海岸でサメを乱獲すると、エイが増え、貝が減った。（Baum JK and Worm B, 2009などを参考に作図）

て姿を消し、それを食草としていた虫や、シカのフンや死体を食べていた虫もいなくなるのだろう。サメの例では、大型のサメを駆除したことで、その餌食になっていたエイが増え、そのエイが好むホタテ、ハマグリなどが大量に食べられたためと推測されている。

目障りな生物をすべて絶滅させれば、人間にとってユートピア（理想郷）のような世界が訪れる可能性もゼロではないだろうが、生物の多様性は連鎖的に低下し、思わぬ環境変化が起こるリスク、アレルギー（雑菌などが少ない潔癖な生活が一因との説がある）のような新たな現代病に悩まされるリスク、危険や不快感に対する適応力を失ってしまうリスクなどを常に抱え、改変した自然をコントロールし続けることに大きな労力を費やす社会になる可能性が高いだろう。

世界中の先住民たちは、経験的、感覚的に自然を理解し、自然と共存しながら持続可能な自給自足生活を続けてきたはずだ。それが、急激に経済成長を始めた国から順次、自然を制御しコントロールしようとする価値観に急激に転換していった。そして、自然破壊と文明発展が進むと、今度は科学の力で自然への理解を深め、自然をコントロールする技術も高めつつ、再び自然と共存する道を探る段階に来ているように見える。

天敵のいない島

ウサギとヤマネコ

高校生の時、生物の教科書で見たグラフが心に残っている。カナダの研究で、ウサギ（カンジキウサギ）とヤマネコ（カナダオオヤマネコ）の個体数の変化を90年間にわたって表したグラフだ。草食動物のウサギが増えると、それを食べるヤマネコも追うように増え、ウサギが食べられて（あるいはエサの植物が減って）減ると、ヤマネコも少し遅れて減る。するとまた、ウサギが増え始める。こう推定されるサイクルを繰り返しているのがわかる。

こうして見ると、両種とも個体数が激しく増減していることがわかる。このグラフを眺めていれば、ウサ

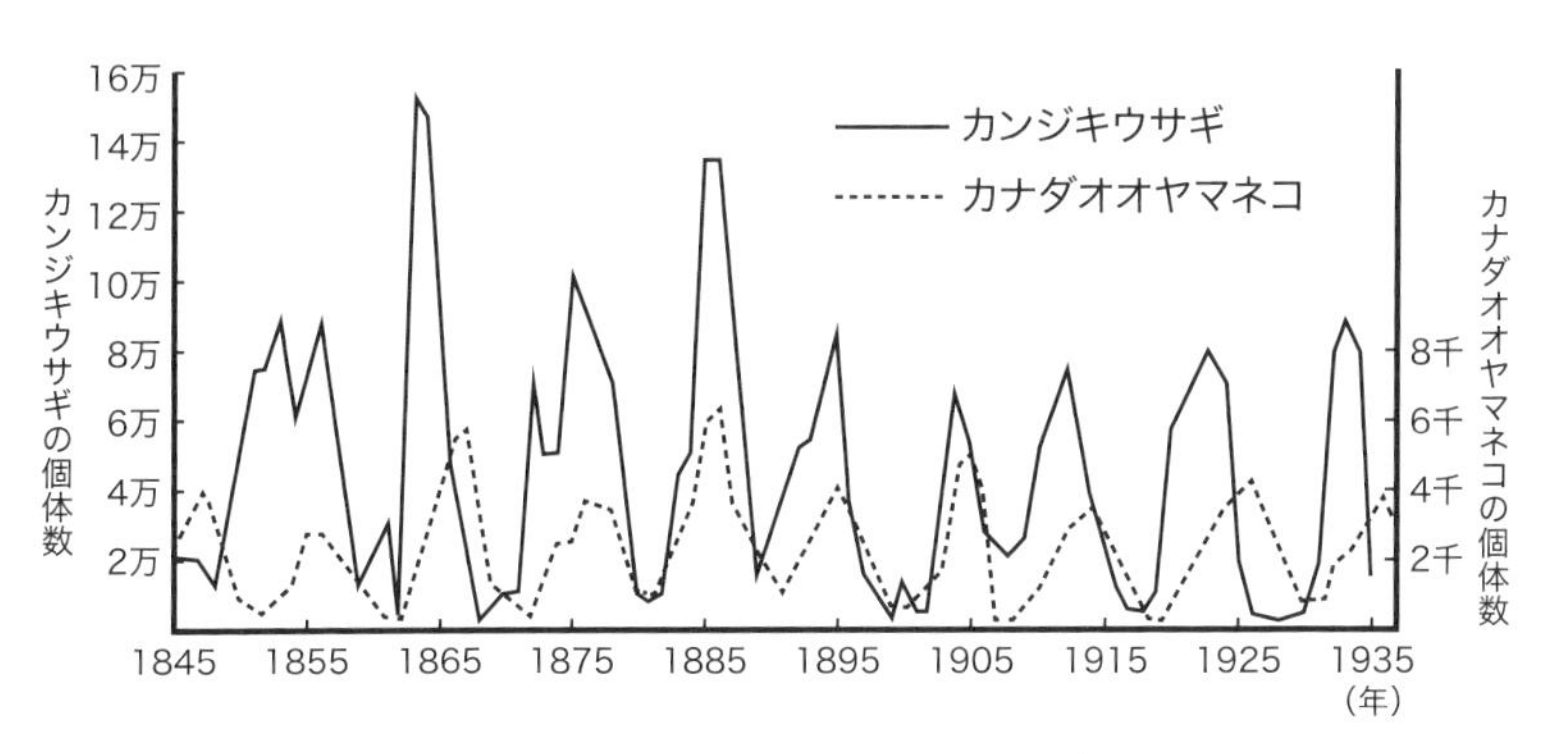

カナダ・ハドソン湾にある毛皮会社が入荷したカンジキウサギ（実線）とカナダオオヤマネコ（点線）の毛皮取引数から推定した、両種の個体数の変化。個体数の目盛りは、両種で10倍の違いがあることに注意。（MacLulich,1937より一部改変）

ギ（被食者）が絶滅すれば、天敵のヤマネコ（捕食者）も絶滅するかもしれないし、逆に天敵のヤマネコが絶滅すれば、ウサギが際限なく増えていくことが容易に予想できるだろう。

無人島のヤギ

それを具現化した光景を、20代の時に目にすることができた。小笠原諸島や瀬戸内海、南西諸島などで見られる、ヤギが野生化した無人島だ。僕がそれを初めて見たのは、山口県の瀬戸内海だった。親族の結婚式のオプションで、クルージングに参加した時のことだ。港を出港したクルーザーは、ぐんぐんと海を進み、船乗りしか見ることのできない無人島に案内してくれた。その小島は、急峻な断崖絶壁が海岸からそびえ立ち、そのかなり上方に、白い点のように見える野生化したヤギ（ノヤギ）が、岩壁をピョンピョンと飛び歩いていた。何という運動能力！　ヤギの驚くべき姿に思わず感嘆の声をあげたが、その島全体を見渡すと、じわりと別の衝撃が走った。明らかにほかの島より植物が少なく、樹木の数が減っていて、岩の露出する地面があちこちに広がっている。ヤギが急峻な岩壁にいたのは、好物の草がそこにしか残っていないからかもしれない。

最初は数頭だったヤギが、勝手にどんどん増えて、島の植物を食べ尽くしているのだ。ヤギは放置してもよく育つことから、昔は非常用の肉資源として無人島に放たれることも多かったという。本来ヤギは、西アジアの山岳地帯に生息する野生動物で、日本で見られるのはそれを家畜化した外来種である。ヤギたちは、天敵が不在で、トゲや毒をもつ植物も少ないであろう〝ユートピア〟で、後先考えずに食べ続け、子どもを生み続け、気づいたら島全体がハゲ山になっていたのだろう。なんと愚かで哀れなことか。彼らはいつになったら、自分で自分の首を絞めていることに気づくのだろうか？

こうした無人島では、在来の生態系が瀕死の状態に追い込まれることに加え、土壌が露

ヤギの野生化した無人島（小笠原 2004年）。裸地化、草原化が進み、木は急斜面にしか残っておらず、多くの固有植物が絶滅に追い込まれた。崖の上には何頭ものヤギが見えた。

出して乾燥化が進み、大雨の度に土が流れ出たり崩落が起きたりし、漁業にも悪影響を及ぼすことから、近年では行政によるヤギの駆除が進められている島もある。

僕はこの島を見た時、人間社会の縮図のように思えてならなかった。天敵を完全に排除し、後先考えずに食料資源をむさぼり続け、ほかの動植物を絶滅させ、人口爆発を止めることはできない。地球は、人間から見れば無限と信じたくなるほど巨大だが、天の神様、あるいは広い宇宙から見れば、ヤギの棲む小島のように見えているのかもしれない。そのヤギを放ったのは誰なのか。それを神と呼んでいるのだろうか。

人間のコントロール

野生動物のコントロールより、もっと難しいのが人間のコントロールだ。人間は地球上で最も進化した生物を自称し、高度な知能と科学技術で地球環境をコントロールすることに身を乗り出しているが、その割には人間自身のコントロールがほとんどできていない。確かに増えすぎたシカやイノシシは問題だが、現在70億人超、２０５０年には１００億人近くに達すると予想される世界人口は、増えすぎではないか？　狭い日本列島でクマやオオカミと共存するのは難しいとの見方があるが、その狭い国土に、中国の人口密度を2倍以上も上回る1億2千万人が住んでいるのは、多すぎではないか？

　既に地球の人口は、地球の環境収容量を超え、持続不可能の域に達しているとの指摘もある。こうした人口爆発の問題は、多くの科学者や有識者も認識していながら、「人口を減らすべきだと言ってはならない」というタブーが、人類全体に存在しているようだ（日本の政治家に至っては、未だに人口をどう増やすかが議論の中心である）。

　その点で人間は、まさに無人島で際限なく増えるかわいそうなヤギと同じレベルにある。野生動物の本能でいえば、自らの個体数を自ら減らすことができないのは、正しいだろう。すなわち、人間もやはりその本能をもった一野生動物に過ぎず、ヤギと同じ「自然の中」の存在なのかもしれない。そこに〝オオカミ〟を導入するのではなく、人道的、倫理的に、自らの個体数を最適に保つコントロールが行えるようになれば、人間は特別な叡知をもった「自然の外」の存在になれるのかもしれない。

あとがき

僕は本嫌いだ。正確にいえば、文字だけの本が嫌いだ。小学生の頃から、文字だけの本は読めなくて、絵本やマンガなら読めた。写真が中心の図鑑は好きだった。物の名前を知ることができるし、好奇心を刺激してくれた。家にあった学習図鑑セットの中で、ボロボロになるまで使い込んだのは『虫』の巻だ。次は『魚』で、3番目は兄とよく見た『乗り物』だろうか。『水の生物』もときどき開いたけど、『動物』や『宇宙』はたまに開くだけで、『植物』についてはいちばん開かなかった気がする。植物だけはなぜかイラストが中心だったし、何よりも植物は動かないから興味がなかった。

そんな僕が大学生になり、関東の大学に行くと、まわりの同級生はみんな小説を読んでいた。文庫本（今はスマホだが）を手に電車通学する姿が、大人っぽく格好よく見えたものだ。作家名で会話をする彼らを見て、「僕も何か読まないと」と焦り、何冊か小説を買い、文字ばかりの本を頑張って読んでみた。感想は、「ふーん、こんなもんか」という程度で、それ以上ハマることはなかった。唯一興味をもったのは、池澤夏樹氏の『母なる自然のおっぱい』（新潮社）というエッセイで、自然と人間の関係を科学的な実験などを例に出して考えるものだった。確かにその内容に多少刺激を受けたかもしれないけど、「自分も本に書けるような体験をしたい」という刺激の方が強かった。文字情報ではなくて、経験が欲しいのだ。

僕はそれ以降、「本を読む暇があるならフィールドに出よう」と強く思うようになった。だから、僕が書いた本は、フィールドでの実体験がベースになっている。もちろん、本を書くにあたっては、知識を補充し正確さを期すために、新たに本を読むことは大事だが、まずは自分の考えで書いてから、後で本を読んで確かめるようにしている。先に本を読むと、まったく同じ文章を書いてしまうからだ。本書で書いた内容は、ある分野では既に当たり前のことや、最新の科学的知見とは異なること、勉強不足で間違っていることも含まれているかもしれない。ただ、本書は論文でもなければ、知識を紹介する本でもなく、僕の考えを紹介するエッセイなので、その点はご容赦いただきたい。

植物に関していえば、僕は植物学の専門知識は本当に基礎的なことしか学んでいない。それに、植物の名前を覚えようとした時、植物について教えてくれる師匠(ししょう)はいなかった。植物観察会との出会いもなかった。だから、孤独にフィールドで現物とにらめっこして独学するしかなかった。僕はこれをラッキーだったと思っている。既成概念にとらわれることなく、オリジナルの見識と観察力、考える力を身につけることができたからだ。もし僕に師匠がいたなら、僕の知識の大半は師匠の知識だっただろうし、故に、自分だけで判断するのが不安で、何かある度に師匠に確認を求め、本を書くにも、情報発信するにも、すべて師匠の許可が必要で、図鑑作りを生業にはできなかったに違いない。

そんなこんなで、僕は「知識は荷物になる」と思っている。実物を知る前に、たくさんの知識をもっていればいるほど、実物を客観的に見られなくなり、ゼロから自分で考えること、感じることもできなくなるものだ。

本書は、筆者が東京で講師を務めた講座「樹木たちの生きる戦略 ～葉の形の不思議と生き残るための智恵」（地球永住計画主催／２０１８年６月）や「葉の形の意味と、木・虫・動物の絶妙な関係」（公益財団法人ニッセイ緑の財団主催／２０１９年２月）の内容をもとに書き下ろした本です。制作にあたっては、これらの講座に参加して本書執筆の機会を下さった講談社エディトリアルの浦田未央さんに大変お世話になりました。また、これらの講座の主催者や参加者の皆さん、本書制作にご協力いただいた方々（２１０頁）、第一章に登場するこれまでお世話になったすべての方々と家族に深く感謝致します。

最後に、筆者の幼少期の体験を紹介して終わりにしたいと思います。当時の恵まれた環境に育ったことが、今の自分の考えに大きな影響を与えてくれたと思っています。

僕が育った庭

昭和51年、瀬戸内海に面した山口県田布施町の田舎で、僕は男3人兄弟の次男として生まれた。海辺の丘陵に造られた住宅街の上端にある我が家は、100坪ほどの敷地に庭が広がり、幸い両親は子どもも庭も放任主義であったため、僕は物心ついた頃から、雑然とした庭で自由に遊ぶことができた。

植木鉢をひっくり返し、ダンゴムシを捕まえて水に沈めたら、水中を歩くことを発見したり、草むらにショウリョウバッタやカマキリがよくいたので、マジックで翅(はね)に名前を書いて放し飼いにしたり、古い鍋にたまった水にボウフラが発生したのを不思議に思い、夏休みの自由研究にしたり。南向きの乾いた庭にはマイマイカブリが徘徊(はいかい)していたし、北向きの湿った裏庭にはアカテガニが棲み、イモリやクサガメが現れたこともある。

5月が近づくと、鯉のぼりのポールを立てるために、父親が庭に深さ1メートルほどの大きな穴を掘った。雨が降り、その穴に水がたまった。僕は池が欲しかったので、その穴を残してもらうことにした。そして、近所の用水路からメダカやドジョウを捕まえて、藻とともに池に入れた。ミジンコがたくさんいる田んぼから、シャベル1杯分の土の塊を採って池に入れると、微生物が増えた。ほかにも、金魚すくいのキンギョや、知人からもらった2センチほどのアメリカザリガニの赤ちゃんも入れた。生き物豊かな池の完成だ。

僕たち兄弟は、その池を毎日のように観察した。夏になり、池の周りにコスモスや雑草が茂ると、どこからともなくアマガエルやツチガエルが棲みつき、僕らは嬉しくなって、カエルのおうち（穴）を作った。今度はそのカエルを襲いに来たのだろう、穴の中にヘビ（アオダイショウ）が姿を現してびっくりしたものだ。単なる池ではなく、食物連鎖ができあがっていたのだ。小学4年生だった僕は、日記帳に池の観察記録やスケッチを毎日のように描いた。まだビオトープという言葉がなかった時代に、庭や池を通じて、無意識のうちに生態系を肌に感じていた。庭が最高の自然体験の場であり、学びの場だった。

ところが約2年後、事件が起きた。我が家のお正月は、父親の実家がある東京都町田市まで約千キロを、車で夜通し走って旅するのが恒例だった。その年も東京でお正月を過ごし、5日ぶりに自宅に帰ってきた直後、僕は庭を見て驚きの声をあげた。

「池の水がない！」

池の水は、井戸から水を汲み上げるポンプで、自動的に1日数回給水される仕組みになっていた。ところが、長期外出するので親が電気の主電源を落としたらしく、ポンプが作動しなかったのだ。池の底には、干上がった魚たちが死んでいた。

「なぜこんなことに……」

悲しみの中で、驚きの発見があった。魚たちの死体の中に、20センチ近いキンギョが交じっていたのだ。2年前に池に入れた小さなキンギョは、その後、藻が茂ったせいであまり姿を確認できなかったのだが、立派なフナのサイズに成長していたのである。エサも何もあげていないこの池で、しっかりと成長してくれていたことが、純粋に嬉しかった。

さらに、池の底にたまった泥をシャベルで掘り返していると、泥の中に丸い部屋が見つかり、何やら中で動いている。すると、まっ赤なアメリカザリガニがハサミを振り上げて、元気に姿を現したのだ！　2年前に入れたザリガニの赤ちゃん。あの時は白い小エビにしか見えなかったのに、池の中の生物を食べて立派に成長し、冬眠していたのだ。

食う食われるの生態系が、池の中で見事に完成していたことを実感し、僕は感動した。

姿を変えた裏山

家のすぐ北側に、裏山があったことも恵まれていた。山といっても標高約30メートルの小山で、花崗岩（かこうがん）を切り拓いた造成地だったので、斜面一帯は髪の毛のように細長いイネ科の草※で覆われていた。その草むらで、僕はセイタカアワダチソウの茎で武器を作って駆け回ったり、点在するクロマツの根元に横穴を掘って、秘密基地を作ったりして遊んだ。

※その草はウィーピング・ラヴグラス（シナダレスズメガヤ／南アフリカ原産）という外来種で、造成斜面を早期緑化するために吹き付けられたことを後に知った。

夜はクツワムシやマツムシ、フクロウの鳴き声が響いた。

中学、高校と大きくなり、庭や裏山で遊ぶ回数が減ってきた頃、裏山に点在していたクロマツやハゼノキ、オオバヤシャブシもどんどん大きくなっていた。

大学進学で千葉県に行き、たまに帰省すると、その度に裏山に木が増えるのを感じた。木の名前がわかるようになって裏山に登ってみると、関東とはかなり樹種が違って驚いたものだ。コナラの中にナラガシワが交じり、クヌギと思った木はアベマキで、シラカシはなくてアラカシばかりで、モチノキみたいな木はクロキで、ヤマツツジと同じぐらいコバノミツバツツジが多く、モッコクやヒメユズリハなど海岸性の木も多かった。東日本と西日本の植生の違いを初めて実感したのが、この裏山である。

30歳前後になって帰省した時には、クロマツの木が次々と枯れて倒れていた。松枯れや台風の影響もあったと思うが、ほかの広葉樹はどんどん大きくなっていた。夜、裏山に何か気配を感じて2階の窓を開けると、目の前をイノシシの親子が平然と歩いていた。増えたとは聞いていたが、やはり驚く。幼少期にはなかったことだ。

小学生の時に遊んでいた草原は、先駆性樹木のクロマツ林になり、さらには落葉広葉樹主体の二次林へと移り変わりつつある。大学の授業で習った植生遷移（せんい）※や法面緑化（のりめん）※が、裏山で見事に実演されていたのだ。机上の知識が、自分の経験と合致したのである。

※遷移：ある土地の植物が時間をかけて変化すること。日本の暖地では、裸地→草原→マツや落葉樹の先駆性樹木林→シイ・カシ・タブ等の常緑樹林へと遷移する。

※法面緑化：切土や盛土による人工的な斜面を、植物で覆って安定させること。

大好きな海

実家の2階にあった僕の部屋からは、いくつもの島が重なる瀬戸内海が見え、天気がいいと四国も見えた。家から海まで、自転車で2分ほどの距離を何回往復しただろう。魚釣り、磯遊び、海水浴、島に渡って素潜り……。とにかくこの景色と海が好きだった。

漁港の岸壁に陣取り、アジは毎回何十匹も釣ったし、たまにサバやボラがかかるとすごい引きだった。キス、コチ、メバル、ハゼ、ギザミ（ベラ）もよく釣った。エサは釣り具屋で買うならゴカイやエビだが、岩についた貝を石で割って針につけても結構釣れた。長い竹竿（たけざお）で作ったモリを海底に突き刺すと、ナマコやヒトデがいくつも捕れた（食べるわけではない）。海岸では、生きた化石と呼ばれるカブトガニやタツノオトシゴもよく見かけたし、干潮時に現れる砂の島に渡って穴を掘ると、ハマグリやマテガイも捕れた。

そんな大好きな海に、変化が訪れた。

高校生になる前だっただろうか。僕たちがいつも釣りをしていた港が、拡張されることになったのだ。キスやコチをよく釣った砂浜は、掘削船（くっさくせん）が来て海底を連日掘り返し、コンクリートで護岸されて新しい漁港へと変貌した。思い出の場所が消失するという、初めての経験だ。あの場所に棲んでいた魚たちは逃げられただろうか。ナマコやヒトデたちは生き埋めになったのだろうか。自分だって襲う側だったくせに、感傷的な思いに包まれた。

工事が終わり、久しぶりに防波堤に行って釣りをしてみたら……釣れない。海の底は何かとてつもなく深く、暗くなった気がした。それからは、海に行く回数が減った。周辺に工場も増えたせいか、打ち寄せる波の色は昔よりずっと黒く濁っていた。この海で泳ぐ子どもたちの姿も、ほとんど見かけなくなった。

約15年後。32歳になった僕は、関東からUターンして、故郷の山口県に戻ってきた。そこで出会った恋人に魚釣りを教えるため、久しぶりに地元の漁港に来て糸を垂らしてみた。すると、昔と同じように小アジが次々と釣れる！　さらに遠くに針を投げると、20センチ級の立派なアジも次々釣れた。サバは釣れないが、以前は釣れなかったサッパ（ママカリ）が時折釣れる。防波堤に沿って針を深く下ろすと、やはり昔は釣れなかったクロ（メジナ）が何匹も釣れた。砂浜側に針を投げると、昔と同じようにキスやコチが釣れ、立派なカレイやアナゴも釣れた。豊かな海は、少し姿を変えて戻っていたのだ。

その後、魚釣りにどっぷりハマった彼女と僕は、あちこちで釣りをした。雑魚（ざこ）でもいいからたくさん釣りたがる僕と、一発大逆転の大物狙いをする彼女。楽しみながら自分の食料を得ることこそが、釣りの醍醐味（だいごみ）だ。夕食には新鮮な刺身や焼き魚、甘辛い煮魚が何度も並んだ。特に、海を知らなかったけど魚料理が大好きだった彼女は、「生きている」と強く実感できたらしく、人生でこの時ほど何かに熱中したことはないと言った。「釣り」という行為は、自然を知るためにも、自給自足を体験するためにも、環境教育のためにも、あらゆる面で素晴らしい経験と思う。そして、僕が釣った人生最大の大物は、当時の恋人＝今の妻かもしれない。いや、とても料理できる獲物ではないのだが。

この海で体感したことは、人間の行為によって、いとも簡単に生態系が壊れてしまうこと、それでも、長い年月をかけて自然は回復する力強さももっていることだ。人間が生きるためには、少なからず自然を犠牲にしなければならない。僕は、海底をえぐって造られた港の上に立ち、ゴカイやエビを針に突き刺し、魚の命を奪っておいしい晩ご飯を得た。そんな釣り人が1日10人、港に来たとしても、自然はそれを迎え入れる包容力をもっているだろう。では、釣りで出たゴミを毎日海に捨て続けたらどうなるか？　釣り人が1日500人来るようになったらどうなるか？　港や工場地帯の拡張を続け、自然海岸がゼロになったらどうなるか？

自然の包容力を超えた時に、それは「破壊」になる。その限界ラインを知っておくこと、想像する力や感性を身につけておくことが、自然の恩恵を受けて生きる人間の使命であり、私たちが地球上で持続可能な社会を築くためのキーポイントだと思う。

態学会、2005)
◇谷脇徹ほか「丹沢山地ブナ林の衰退要因とその複合作用」(神奈川自然環境保全センター報告、2016) など

<オオカミ関連>
◇ハンク・フィッシャー『ウルフ・ウォーズ オオカミはこうしてイエローストーンに復活した』(白水社、2015)
◇丸山直樹『オオカミが日本を救う! 生態系での役割と復活の必要性』(白水社、2014)
◇ウィリアム・ソウルゼンバーグ『捕食者なき世界』(文藝春秋、2014)
◇ギャリー マーヴィン『オオカミ 迫害から復権へ』(白水社、2014)
◇Heidi G. Parker et al. "Genetic Structure of the Purebred Domestic Dog" (Science 304, 2004)
◇Savolainen, P. et al. "Genetic evidence for an East Asian origin of domestic dogs" (Science 298, 2002)
◇近藤雄生ほか『オオカミと野生のイヌ』(エクスナレッジ、2018)

【第四章】
◇W. D. Hamilton et al. "Autumn tree colours as a handicap signal" (PROCEEDINGS OF THE ROYAL SOCIETY, 2001)
◇舘野正樹『日本の樹木』(ちくま新書、2014)
◇高槻成紀『野生動物と共存できるか』(岩波書店、2006)
◇『かげりを見せない人口増加が地球温暖化と大量絶滅を加速させる』(MONGABAY、https://news.mongabay.com/ 2019年4月現在)

【全般・その他】
◇渡辺政隆編『別冊日経サイエンス no.206 生きもの驚異の世界 進化と行動の科学』(日経サイエンス社、2015)
◇田中肇ほか『花の顔 実を結ぶための知恵』(山と溪谷社、2000)
◇ウィキペディア(ウィキメディア財団、https://ja.wikipedia.org 2019年4月時点)
◇ＥＩＣネット(一般財団法人環境イノベーション情報機構、http://www.eic.or.jp/ 2019年4月時点)

写真・図版提供

日本熊森協会(クマ親子、クマはぎ2点、ニホンミツバチの巣)、沖縄県病害虫防除技術センター(ミカンコミバエ図、不妊虫生産工場)、環境省(クマ分布図、シカ分布図)、知床財団(知床五湖)、山田瑠美(イラクサ)。ほかはすべて林将之

協力

沖縄県病害虫防除技術センター、かながわフィールドスタッフクラブ、国立科学博物館、地球永住計画、ニッセイ緑の財団、日本熊森協会、林あろ、林佳子、藤島斉

主な参考文献・引用文献

【第二章】
◇八尋洲東編『朝日百科 植物の世界』(朝日新聞社、1997)
◇ステファノ・マンクーゾ『植物は〈未来〉を知っている』(NHK出版、2018)
◇日本植物生理学会『みんなのひろば』(https://jspp.org/ 2019年4月時点)
◇園池公毅『植物の形には意味がある』(ベレ出版、2016)
◇J.A.Wolfe "A paleobotanical interpretation of tertiary climates in the northern Hemisphere" (American Scientist 66, 1978)
◇Scott L. Wing, David R.Greenwood "Fossils and fossil climate: the case for equable continental interiors in the Eocene" (Philosophical Transactions of the Royal Society B 341, 1993)
◇市岡孝朗『アリ-オオバギ共生系の多様性:生物群集への波及効果』(日本生態学会誌55、2005)
◇Frederickson, Megan E "Ecology: 'Devil's gardens' bedevilled by ants" (NATURE 437, 2005)
◇山尾僚,波田善夫,鈴木信彦『花外蜜腺植物における光と土壌水分環境に応じた異なる防御戦略の適用』(日本生態学会誌、2013) など

【第三章】
<ミバエ関連>
◇沖縄県病害虫防除技術センター webサイト (https://www.pref.okinawa.jp/mibae/ 2019年4月時点)
◇西田律夫『フェニルプロパノイド花香を介した蘭とミバエ類の共進化機構の解析』(山崎香辛料振興財団 研究成果普及計画書、2006) など

<クマ関連>
◇山崎晃司『ツキノワグマ すぐそこにいる野生動物』(東京大学出版会、2017)
◇名越章浩『授業で学ぶ クマの生態と役割』(NHKくらし☆解説、https://www.nhk.or.jp/kaisetsu-blog/700/279643.html 2019年4月時点)
◇小池伸介『森林生態系における動物が植物の種子散布過程に果たす役割に関する研究』(とうきゅう環境浄化財団、2006) など
◇小池伸介、山根正伸、今木洋大ほか『森林と野生動物 森林科学シリーズ 11』(共立出版、2019)
◇直江将司『花咲かクマさん: ツキノワグマは野生のサクラのタネを高い標高へ運んでいた』(森林総合研究所プレスリリース、2016)
◇高橋一秋、高橋香織「林冠ギャップ創出者としてのツキノワグマの役割:クマ棚とクマ剥ぎの比較」(2018、日本森林学会)
◇宮崎学『となりのツキノワグマ』(新樹社、2010)

<シカ関連>
◇加藤禎孝ほか『イラクサの葉の外部形質の地域変異に及ぼすシカの採食の影響』(日本生

著者略歴

林　将之（はやし　まさゆき）
樹木図鑑作家、編集デザイナー、ライター。１９７６年、山口県生まれ。千葉大学園芸学部卒業後、出版社勤務を経て２００２年に独立。初心者にも分かりやすく木や自然を伝えることをテーマに、樹木図鑑をはじめとした書籍や雑誌の執筆・デザイン・編集を手掛けるほか、植物調査・研究などを行っている。葉をスキャナで直接取り込む撮影法を独自に確立し、全国の森で葉を収集しスキャンしている。著書に図鑑分野でベストセラーとなった『葉で見わける樹木』（小学館）、『葉っぱで調べる身近な樹木図鑑』（主婦の友社）、『樹皮ハンドブック』『紅葉ハンドブック』（ともに文一総合出版）、『樹木の葉』（山と溪谷社）など多数ある。樹木鑑定サイト「このきなんのき」主宰。現在、沖縄在住。

葉っぱはなぜこんな形なのか？
植物の生きる戦略と森の生態系を考える

２０１９年5月14日　第一刷発行

著者　林　将之
発行者　渡瀬昌彦
発行所　株式会社　講談社
〒１１２－８００１　東京都文京区音羽２－12－21
販売：０３－５３９５－３６０６
業務：０３－５３９５－３６１５
編集　株式会社　講談社エディトリアル
代表　堺　公江
〒１１２－００１３　東京都文京区音羽１－17－18　護国寺ＳＩＡビル
編集部：０３－５３１９－２１７１
印刷所　株式会社新藤慶昌堂
製本所　株式会社　国宝社

定価はカバーに表示してあります。

ISBN978-4-06-515669-8